中国非粮燃料乙醇发展潜力研究

付晶莹　江　东　郝蒙蒙 等◎著

内容简介

生物质能源作为来源广泛、清洁环保的可再生能源，将在全球经济社会发展中发挥越来越重要的作用。本书针对替代交通能源的生物液体燃料——燃料乙醇，介绍了国内外燃料乙醇发展的概况、主要生产原料、生产工艺；针对适于生产燃料乙醇的非粮原料作物，提取了适宜其生长的边际土地资源，并对作物的生长潜力进行评估；在生命周期分析法的框架下，引入基于空间的过程模型，在地理单元上，实现了燃料乙醇生产潜力及其转化过程中能量消耗和环境排放的空间模拟与估算。在全国尺度上，模拟分析了基于不同原料作物的我国非粮燃料乙醇发展的能源效益、环境效益及经济效益，通过综合对比分析，提出了一种非粮燃料乙醇规模化发展的优化模式，为合理规划我国非粮能源植物的种植和产业布局提供支撑。

图书在版编目(CIP)数据

中国非粮燃料乙醇发展潜力研究 / 付晶莹，江东，郝蒙蒙著. -- 北京 ：气象出版社，2017.6

ISBN 978-7-5029-6447-4

Ⅰ.①中… Ⅱ.①付… ②江… ③郝… Ⅲ.①乙醇-液体燃料-发展-研究-中国 Ⅳ.①TQ517.4

中国版本图书馆 CIP 数据核字(2016)第 248194 号

Zhongguo Feiliang Ranliao Yichun Fazhan Qianli Yanjiu

中国非粮燃料乙醇发展潜力研究

出版发行： 气象出版社

地　　址： 北京市海淀区中关村南大街 46 号　　**邮政编码：** 100081

电　　话： 010-68407112(总编室)　010-68409198(发行部)

网　　址： http://www.qxcbs.com　　**E-mail：** qxcbs@cma.gov.cn

责任编辑： 蔺学东　　**终　　审：** 邵俊年

责任校对： 王丽梅　　**责任技编：** 赵相宁

封面设计： 博雅思企划

印　　刷： 北京地大天成印务有限公司

开　　本： 787 mm×1092 mm　1/16　　**印　　张：** 9.5

字　　数： 240 千字

版　　次： 2017 年 6 月第 1 版　　**印　　次：** 2017 年 6 月第 1 次印刷

定　　价： 60.00 元

本书编委会

主　　编：

付晶莹　江　东　郝蒙蒙

编写人员（以姓氏笔画为序）：

丁方宇　付晶莹　江　东　宋晓阳　林　刚

范沛薇　郝蒙蒙　阎晓曦　黄耀欢

前　言

全球经济和社会的发展都离不开对能源的依赖。全球化石能源的储量正急剧下降，而能源需求仍日益增加。一系列无法避免的能源安全挑战，如能源短缺、资源争夺以及过度使用能源造成的环境污染等问题威胁着人类的生存与发展。基于能源植物的生物液体燃料具有可再生、清洁和安全等优点，是解决能源危机和保护生态环境的有效途径，已引起世界各国尤其是资源贫乏国家的高度重视。我国对矿物能源特别是煤炭能源的长期开发利用将导致大量污染性气体的排放，对气候变化产生一定影响。同时，我国大多数城镇居民仍靠燃煤做饭或取暖，其直接燃烧造成的大气污染情况也非常严重。此外，机动车保有量的持续增加也必然导致温室气体(GHGs)排放量的增加。因此，我国将同时面临能源短缺及环境污染等问题，解决上述问题将有赖于新能源与可再生能源的开发、推广及应用。

面对我国能源短缺及粮食安全的双重压力，推动非粮能源植物在边际土地资源上的规模化种植迫在眉睫。我国虽然已经开展了燃料乙醇产业化生产的试点，但用于生产的原料仍然是以玉米和小麦等粮食作物为主，比例达到80%以上。而其他原料作物的相关研究主要还围绕在作物的生物学特性及作物培育技术，燃料乙醇的生产工艺、燃烧与排放试验以及发展的理论潜力分析等方向。目前，燃料乙醇生产潜力分析评价方面的论著较少，特别是针对非粮燃料乙醇发展所适宜的土地资源潜力、原料作物生长潜力以及生命周期评价等方面的实证研究较少，对基于空间的我国非粮燃料乙醇发展潜力的研究也几乎处于空白。

本书的主要目的是耦合改进的基于过程的生物地球化学模型与生命周期评估方法，提出一种综合评价燃料乙醇发展的土地资源、能源潜力、环境影响及经济效益的方法，在全国尺度上准确评估不同类型原料生产燃料乙醇的潜力，在技术方法上实现基于多尺度的地理栅格单元的实施和验证，具有很强的实用性和前沿性。

本书由以下几部分组成：前言主要对本书形成的背景进行了简要介绍，第1章主要介绍了燃料乙醇发展的概况；第2章对适于燃料乙醇生产的主要非粮作物资源潜力进行了分析与评价；第3章阐述了燃料乙醇发展潜力评价的能量效益评价模型、环境影响评价模型以及经济性评价模型；第4章利用上一章中相关模型对我国非粮燃料乙醇全生命周期发展潜力进行了评价；第5章对我国不同原料燃料乙醇发展潜力进行了综合分析和比较，并提出了优化的燃料乙醇发展模式；第6章概括了本书的主要成果及结论。

基于空间的非粮燃料乙醇发展潜力研究是一个比较新颖且充满挑战的领域，国内相关研究的积累和沉淀还相对薄弱，非粮燃料乙醇发展潜力评价涉及土地资源、作物生产、运输及乙醇转化等多个环节。受问题复杂性和作者水平的限制，书中研究难免有疏漏及不足之处，望在广大读者的帮助下能够改进和完善。

作　者
2016年10月

目　录

第1章 绪 论

1.1 基本概念介绍

(1)《京都议定书》

《京都议定书》(Kyoto Protocol)是《联合国气候变化框架公约》的补充条款，于 1997 年 12 月在日本京都由联合国气候变化框架公约参加国第三次会议制定。该公约包括 28 个条款和 2 个附件，明确了各国对控排温室气体应当担负的责任，并提出促进实现减排目标的四种方式。《京都议定书》的诞生，是国际社会为保护全球气候采取的一项重大而具体的行动，它标志气候变化谈判取得了建设性的进展[1,2]。

(2)《巴黎协定》

2015 年 12 月 12 日，195 个《联合国气候变化框架公约》缔约方代表相聚法国巴黎，达成了历史性协议《巴黎协定》，确定了全球平均气温较工业化前水平升高幅度控制在 2℃以内的目标，并提出为把升温控制在 1.5℃之内而努力[3]。《巴黎协定》确立了 2020 年后全球应对气候变化国际合作的制度框架，成为全球应对气候变化进程的又一新起点[4]。

(3)可再生能源

可再生能源是指原材料可以再生的能源，在我国是指除常规能源外的小水电、太阳能、风能、地热能、生物质能、海洋能等。

(4)非再生能源

非再生能源是指在自然界中经过亿万年形成的，短期内无法恢复且随着大规模开发利用，储量越来越少的能源。包括煤、原油、天然气、油页岩、核能等。

(5)清洁能源

清洁能源，即绿色能源，是指不排放污染物、能够直接用于生产生活的能源，它包括核能和可再生能源。

(6)生物质

生物质是指直接或间接利用绿色植物光合作用形成的有机物质，包括动物、植物和微生物及其排泄或代谢所产生的有机物，它是以化学方式储存的太阳能，也是以可再生形式储存在生物圈中的碳[5,6]。

(7)生物质能源

各种生物质(如陆生植物、水生植物、人畜禽的尿粪、工业生产过程所排放的及城镇居民每天生活所排出的有机废弃物等)经物理、化学、生物化学等转换技术，生成的可供人类使用的气体、液体和固体燃料称为生物质能源[7]。它是地球上最普遍的一种可再生能源。

(8)生物液体燃料

生物液体燃料是指通过生物质资源生产的燃料，目前主要包括燃料乙醇和生物柴油，是可再生能源开发利用的重要方向[8]。

(9)生物燃气

生物燃气俗称沼气，是指生物质在厌氧条件下被甲烷菌等多种微生物分解利用所产生的气体，主要成分为甲烷和二氧化碳[9]。全球每年通过光合作用生成约4000亿吨有机物，其中5%在厌氧环境下被微生物分解，利用这一自然规律进行沼气发酵，既可以生产沼气用作燃料，又可以处理有机废物保护环境，同时沼气发酵后的沼液、沼渣又是优质的有机肥料。沼气燃烧后产生的二氧化碳被植物通过光合作用再生成植物有机体，又转变为沼气发酵原料，因此沼气是一种发展很快的清洁可再生燃料[10]。

(10)生物固体成型燃料

生物质固体成型燃料技术是指在一定温度和压力作用下，利用木质素充当黏合剂，将松散的秸秆、树枝和木屑等农林生物质压缩成棒状、块状或颗粒状成型燃料。压缩后的成型燃料体积缩小6～8倍，能源密度相当于中质烟煤，提高了运输和储存能力；燃烧特性明显得到改善，提高了利用效率[11]。

(11)农业生物质能源

农业生物质能源资源包括农作物秸秆、农产品加工业副产品、畜禽粪便和能源作物。农作物秸秆和农产品加工业副产品可用于发电或固体成型，畜禽粪便通常用于发酵制取沼气[12]。

(12)林业生物质能源

我国林业生物质能源资源的开发利用方式，主要有木质生物燃料资源、木本油料植物资源以及木本淀粉、纤维植物资源等类型。其中木质生物燃料资源以获取生物燃料为目的，主要来源于薪炭林、灌木林、林业采伐剩余物、木制加工剩余物、不同林地育林剪枝和四旁树剪枝获得的薪材等。我国目前培育技术较为成熟的木本油料植物主要有有麻疯树、黄连木、光皮树、文冠果、油桐和乌桕等。我国的木本高淀粉、纤维素植物资源主要有板栗种、栎类果实橡子、广西木薯和麻类等木质纤维素原料[13]。

(13)能源微藻

能源微藻是指油脂含量高于30%的藻类，例如：绿藻(*Chlorella* sp.，*Nannochloropsis* sp.，*Botryococcus* sp.，*Nannochloris* sp.，*Neochloris* sp.，*Dunaliella* sp.)，金藻(*Isochrysis* sp.)和硅藻(*Chaetoceros* sp.，*Cylindrotheca* sp.)等，大部分绿藻缺氮培养时油脂含量有一定程度的提高，部分可达50%以上，硅藻则在培养基中硅含量较低时会促进油脂合成[14]。

(14)生物柴油

生物柴油主要是指通过酯交换等方法将原料中的油脂转化为脂肪酸甲酯而获得的燃料，它可与普通柴油混合或单独作为燃料使用[15]。

(15)燃料乙醇

燃料乙醇是指通过发酵和糖转化等加工程序，将原料中的淀粉纤维素等物质转化为乙醇而获得的燃料，它可以直接用于石油的添加剂或与汽油混合使用[15]。

(16)变性燃料乙醇

加入变性剂后用于调配车用乙醇汽油的燃料乙醇，不能食用。它可以按规定的比例与汽油混合作为车用点燃式内燃机的燃料[16]。

(17)车用乙醇汽油

车用乙醇汽油是指在不含氧化合物的专用汽油组分中,按体积比加入10%的变性燃料乙醇,由车用乙醇汽油定点调配中心按照国家标准通过特定工艺混配而成的点燃式内燃机车用燃料[17,18]。

(18)木质纤维素

木质纤维素(Lignocellulose)是指自然界生长的、未经任何处理的植物的叶、干、茎等材料,它含有纤维素、半纤维素、木质素、蛋白质、水、灰分等物质,地球上每年大约形成1000亿吨木质纤维素,是自然界分布最广、含量最多、价格低廉而又可再生的资源[19]。

(19)C4植物

高等植物有3种光合碳同化途径,分别是C3途径、C4途径和景天酸代谢(Crassulacean acid metabolism,CAM)途径,相应的植物因CO_2固定的最初产物不同,分别称为C3、C4和CAM植物。其中C4植物是从C3植物进化来的一种高光效种类,与C3植物相比,它们具有在高光强、高温及低CO_2浓度下保持高光效的能力。高光合速率是C4植物的特征,也是作物高产的保障[20]。

(20)大田作物

大田作物是指在大片田地上种植的作物,如小麦、水稻、高粱、玉米、棉花、牧草等。

(21)生物质燃料物理转化过程

物理转化途径是通过改变生物质的形态得到各种高密度的固体成型燃料。这一转化途径是借助外力作用下,如通过高温/高压作用将松散的生物质原料压缩成具有一定形状和密度的成型物,以减少运输成本,提高燃烧效率。原料经压缩成型后,密度可达1.1～1.4 g/cm^3(与中质煤相当),燃料特性明显改善,火力持久,黑烟小,炉膛温度高[21]。

(22)生物质燃料传统化学转化过程

传统化学转化是目前生物质应用最广泛的一种途径。以生物发酵为代表,包括传统的发酵制取乙醇和沼气、现代的ABE发酵技术制取丁醇和发酵制取氢技术以及生产生物柴油的酯化反应法。无论是现代发酵技术还是传统发酵技术,均存在周期长的特点,使得其效率较低,且传统化学转化方法都是制得单一产品,在市场经济中的抗风险能力较弱,不利于实现生物质能的商业价值[21]。

(23)生物质燃料热化学转化过程

生物质燃料热化学转化的方式包括:燃烧、液化、热解和气化。热化学转化法具有利用效率高、加工成本低、产品多元化等优点,就当前我国形势来看,气化是一种较受欢迎的利用途径,但快速热解途径仍处于发展阶段[21]。

(24)生物质燃烧

直接燃烧是指将可燃烧的生物质直接投入特殊燃烧设备中燃烧,产生的热气流或高压蒸汽用于发电或取暖,与目前的燃煤发电、供暖相似,在燃烧设备上有一定差异。生物质燃烧是一种直观、简单、投资少的方法[21]。

(25)生物质液化

液化是指通过化学方法将生物质转变为液体产品的过程,有直接液化和间接液化之分。直接液化是将生物质、催化剂和溶剂置于高压设备中,高温高压下制取液体燃料,并副产气体;间接液化是先将生物质气化成小分子气体后再进行催化合成液体产品的过程[21]。

(26)生物质热解

生物质热解是在无氧或少氧条件下持续给生物质加热所发生的一系列物理和化学变化。在该过程中生物质大分子受热断裂成各种小分子,并发生小分子结合成大分子的过程,得到包含气、液、固三相反应产物。气体产物以氢气、一氧化碳和小分子烃类为主,液体产物为生物油,固体产物为木炭。通过控制反应温度和反应时间,可得到不同比例的产物[21]。

(27)生物质气化

气化是指生物质原料在隔绝空气加热条件下与汽化剂发生不完全燃烧的能量转化过程,生物质裂解后,与汽化剂反应生成小分子可燃气体。汽化剂种类不同,所得的小分子可燃气体也不尽相同,其热值也有较大差异。经生物质转变为小分子气体,既能通过二次燃烧发电、供热、民用炊事,也可以进一步加工制取液体燃料[21]。

(28)能源作物边际土地

农业部科技司在生物质液体燃料专用能源作物边际土地资源调查评估方案中将能源作物边际土地定义为可用于种植能源作物的冬闲田和宜能荒地[22]。

(29)宜能荒地

宜能荒地是指以发展生物液体燃料为目的,适宜于开垦种植能源作物的天然草地、疏林地、灌木林地和未利用地。

(30)生命周期评价(LCA)

生命周期评价(life cycle assessment,LCA)是指对产品的整个生命周期——从原料获取到设计、制造、使用、循环利用和最终处理等,定量计算、评价产品实际、潜在消耗的资源和能源以及排除的环境负荷。LCA由四个相互关联的部分组成,即目标定义和范围界定、清单分析、影响评价、结果解释。LCA作为一种可持续的环境管理工具,同时也是一种定量化的决策工具,其应用领域非常广泛,如产品开发和改善、企业战略计划、公共政策制定、市场营销等[23]。

1.2 非粮燃料乙醇的发展现状及动态分析

燃料乙醇产生于20世纪20年代,当时由于石油的大规模、低成本开发,乙醇因其经济性较差而被淘汰。进入21世纪,由于石油价格的持续攀升,生物液体燃料产业在全球迅速兴起。生物液体燃料是生物质能源的重要组成部分,主要包括燃料乙醇和生物柴油两种形式,是目前最主要的交通替代能源。燃料乙醇是指通过发酵和糖转化等加工程序,将原料中的淀粉、纤维素等物质转化为乙醇而获得的燃料,它可以直接用于石油的添加剂或与汽油混合使用[24]。

1.2.1 国内外研究动态

全球经济和社会的发展都离不开对能源的依赖。随着全球经济的扩张及人口日益增长,发展中国家2040年的能源需求将比2010年增加65%[25]。2014年《BP能源统计年鉴》指出,我国的能源需求在2007年超过欧盟,2010年超过美国,2012年则超过整个北美,成为世界最大的煤炭净进口国,是非经合组织的能源需求增长的典型代表[26]。在化石能源短缺的同时,全球变化等气候环境问题也是全球共同面临的难题。2015年12月,法国巴黎第21次气候大会上通过的《巴黎协定》确定了全球温室气体减排目标，明确表示将温度上升严格控制在2℃以内。如果要达到这一目标，全球在2030年排放水平应为400亿吨温室气体。我国在2013年全球排放量占比约为29%，按此比例，未来15年我国在60%～65%的基础上需要大幅提高减排任务。对此，习近平总书记代表我国承诺，将设立200亿元人民币的“中国气候变化南南合作基金”，在发展中国家开展10个低碳示范区、100个减缓和适应气候变化项目、1000个应对气候变化培训名额的合作项目，继续推进清洁能源和气候适应型农业等领域的国际合作。

化石能源短缺问题的解决以及减排目标的实现将有赖于新能源与可再生能源的开发、推广及应用。生物能源作为来源广泛、用途多样并且环保的可再生能源将在全球经济社会发展中起着越来越重要的作用[27]。生物液体燃料是生物质能源的重要组成部分，目前已经产业化的液体燃料包括燃料乙醇和生物柴油两种形式，是目前最主要的交通替代能源，具有可再生、清洁和安全等优点，是解决能源危机和保护生态环境的有效途径，已引起世界各国尤其是资源贫乏国家的高度重视。近10年来，全球生物液体燃料产业呈现出快速发展的态势，2007年，我国《可再生能源中长期发展规划》提出的生物液体燃料发展目标是：到2015年，燃料乙醇产量达到400万吨，生物柴油产量达到100万吨[28]；到2020年，燃料乙醇产量达到1000万吨，生物柴油产量达到200万吨[29]。然而，目前我国生物液体燃料生产水平距离2020年发展目标还有很大差距，尤其是燃料乙醇实际产量与目标产量的差距更为显著(图1-1)，因此，燃料乙醇产业仍是我国今后生物液体燃料发展的重点。

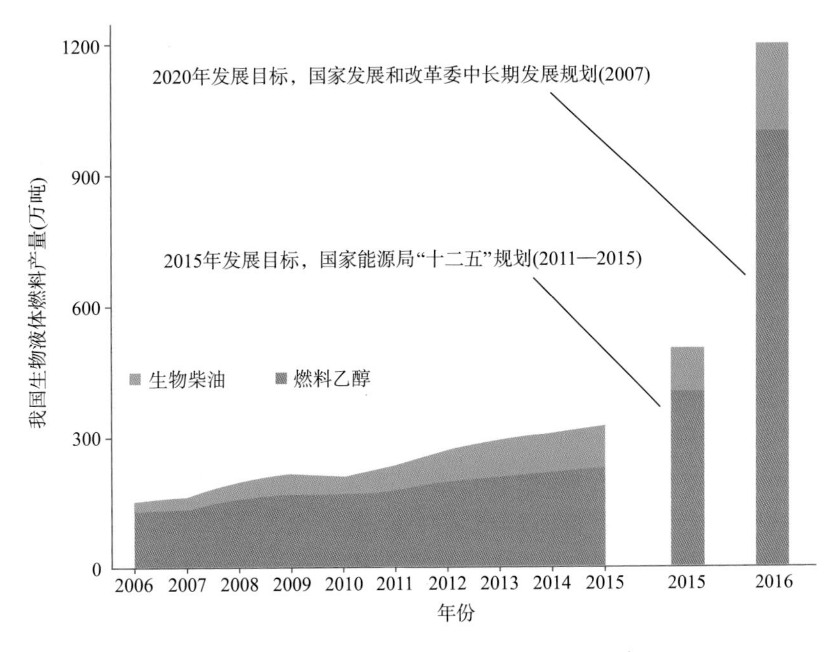

图1-1 我国生物液体燃料产量及目标需求

燃料乙醇技术较为成熟的国家是多以玉米等粮食作物为生产原料的第1代生物液体燃料，2013年美国燃料乙醇产量大约有500亿升，基本上都是以玉米为原料进行生产。而我国是典型的人口大国，人均耕地面积十分有限，因此，需要坚持“不与人争粮，不与粮争地”的原则，利用边际土地种植和发展木薯、黄连木、甜高粱等非粮能源植物(包括第1.5代及第2代生物液体燃料)。目前我国燃料乙醇的生产仍有90%来自于玉米和小麦等粮食作物,因此以甜高粱茎秆和木薯等非粮作物为原料的燃料乙醇的规模化生产是满足我国可持续发展重要战略需求、缓解能源短缺与气候变化问题的必然途径。

我国生物燃料乙醇产业自1999年开始酝酿,2001年起步,至今经历了粮食燃料乙醇到非粮燃料乙醇的转变。2001年,我国启动"十五酒精能源计划"且要求在汽车运输行业推广使用燃料乙醇,同年,五部委颁布《陈化粮处理若干规定》确定陈化粮主要用于生产燃料乙醇、饲料等。2002年,国家发布《车用乙醇汽油使用试点方案》和《车用乙醇汽油使用试点工作细则》,成为燃料乙醇推广应用的主要政策依据。2004年,国家在"十五"期间批准建设了包括中粮生化旗下公司在内的4个燃料乙醇生产试点项目,企业生产燃料乙醇能获得高额补贴。2006年,我国开始自主开发以甜高粱茎秆等为原料生产燃料乙醇的技术。2007年,国家发展和改革委明确提出,不再利用粮食作为生物质能源的生产原料,要大力发展非粮作物的燃料乙醇生产。2011年,多项政策方案指出,支持以木质纤维素和多种非粮原料生产燃料乙醇。2012年初,财政部发布通知下调补贴标准,以粮食为原料的燃料乙醇补助标准为500元/吨,以木薯等非粮作物为原料的燃料乙醇补助标准为750元/吨。2014年4月,财政部再次发布通知,下调以粮食为原料的生物燃料乙醇定点企业财政补贴。2014年11月《生物燃料乙醇行业环境污染控制评价技术方法》(NB/T-10012-2014)开始实施,提出定量评价燃料乙醇企业污染控制水平的等级方法。2015年《关于加快转变农业发展方式的意见》指出,要推进农业废弃物资源化利用,落实畜禽规模养殖环境影响评价制度,启动实施农业废弃物资源化利用示范工程。到2015年底,我国燃料乙醇产量为243万吨[30]。

巴西是世界上最早开发燃料乙醇的国家,始于20世纪20年代。1925年,巴西开展了第一次燃料乙醇汽车的距离测试。1933年制定推动燃料乙醇发展的第737号法令。1973年发生石油危机,1975年巴西制定了"国家乙醇计划",开启了乙醇替代石油之路,大大推动了燃料乙醇产业的发展,并在经济和环境方面带来了巨大的收益。巴西在燃料乙醇的大规模发展中形成了四个清楚的"里程碑"时期[31]。阶段一是1975—1979年,由于1973年的石油危机以及全球糖价下跌,巴西政府选择了生产乙醇替代石油的发展之路。阶段二是1979—1989年,"国家乙醇计划"的实施达到高峰,财政和金融激励政策起到了重要的作用。阶段三是1989—2000年,1989年,加油站的燃料乙醇出现短缺,专为燃料乙醇设计的汽车销量急剧下降,直到2000年,政府对燃料乙醇的整个支撑体系瓦解。阶段四是2000年至今,燃料乙醇开始重新使用。目前,巴西是第二大燃料乙醇生产国,以甘蔗为主要原料,约有50%的甘蔗用于生产燃料乙醇,燃料乙醇供应了其国内轻型乘用车38%的燃料需求,2011年由于甘蔗的减产导致燃料乙醇产量降低,总产量为1665.2万吨,占世界总产量的25%,较2010年下降了19.5%。2013年,巴西利用甘蔗生产的燃料乙醇产量提高了18%。巴西目前正在开发蔗渣制燃料乙醇和新一代的含糖木薯制燃料乙醇技术,是该行业发展最为成熟的国家之一。

美国早在20世纪的80年代早期就开始了玉米乙醇的生产。1908年,美国人设计并制造了世界上第一台纯乙醇的汽车,1930年乙醇/汽油混合燃料在内布拉斯加州首次面市,1978年,含10%乙醇的混合汽油在内布拉斯加州大规模使用。美国针对燃料乙醇的补贴政策也较早,为了应对海湾石油危机,减少对石油进口的依赖,鼓励燃料乙醇的使用,在1978年颁布了

《能源税收法案》，免除乙醇汽油 4 美分/加仑* 的消费税。美国国会在 1990 年通过了《空气清洁法修正案》，法案从环境保护的角度出发，强制使用含氧汽油及新配方汽油，至少有 20 个州对乙醇汽油给予了税收减免或财政补贴的优惠政策，法案的实施对燃料乙醇的推广起到了非常重要的政策支持[32]。目前，美国是世界上最大的燃料乙醇生产国，2011 年占世界燃料乙醇的 62.2%，生产原料主要以玉米为主，美国 2011 年燃料乙醇消耗的玉米达 1.28 亿吨，相当于美国当年玉米总产量的 40%左右，占全球玉米产量的 25%。2012 年夏天，美国发生了 56 年来最严重的干旱，玉米产量下降了 20%，导致美国燃料乙醇产量下降，第一次进口巴西燃料乙醇，美国目前正在努力发展第 2 代燃料乙醇，前景很好，但发展较为缓慢。

欧盟发展燃料乙醇的时间也相对较晚，于 1994 年通过决议决定开始发展生物能源，并给予生物燃料产品免税的优惠政策，以鼓励燃料乙醇的生产和使用。1993 年，燃料乙醇的产量为 4.8 万吨，到 1997 年仅有 5.6%的乙醇生产用作燃料，直到 2001 年用作燃料的乙醇比例上升到了 13%。2006 年是欧盟燃料乙醇生产增幅较大的一年，达到 127 万吨，比 2005 年增加了 71%。其中贡献较大的几个国家分别为法国、德国、瑞典和西班牙等。2007 年 3 月，欧盟通过决议，设立了欧盟各成员国"在 2020 年前，实现生物燃料在交通能源消耗中的比例达到 10%"的目标[33]。

印度是仅次于巴西的第二产糖大国，然而用于生产燃料乙醇的数量远远低于巴西。印度于 2002 年开始生产生物燃料，2003 年开始推广使用 E5 汽油(含 5%燃料乙醇的汽油)，并进一步实现将燃料乙醇比例提高到 10%的目标[34]。日本于 1986 年开始发展燃料乙醇，但是由于资源匮乏，不得不大量进口乙醇。为提高燃料乙醇的供应能力，日本正积极发展木屑、稻草等为原料的纤维素乙醇技术。日本环境省要求，到 2030 年日本国内车用汽油全部采用与生物燃料混合的燃料。阿根廷由于推出了汽车燃料中须混合 5%的燃料乙醇的政策，其产量基本上翻了一倍。我国和加拿大也是重要的燃料乙醇生产方，产量分别为 20 亿升和 18 亿升。燃料乙醇发展的不确定因素主要体现在产品利润、原料价格及政策等方面。另外，还需要考虑到能源作物与粮食作物在土地与水资源方面的竞争以及能源生产的可持续性。即便如此，生物液体燃料仍有极大的需求空间[35]。

1.2.2 非粮燃料乙醇发展驱动力分析

目前，世界各国能源需求仍旧以化石燃料为主，而随着能源危机和气候变化的加剧，全球正趋向于发展可再生能源，其中，生物质能源是可再生能源的一种。我国推广非粮燃料乙醇主要基于三个方面的因素：对能源安全的战略需求、对气候变化的关注和对粮食安全的考虑。

确保能源供应是国家战略发展的重要需求，是生物液体燃料发展的第一个因素。减少能源价格波动和供给中断的冲击是多国的能源政策目标。包括燃料乙醇在内的生物质能源是实现能源供给多元化、降低对少数出口国依赖的主要途径，燃料乙醇是目前化石燃料的主要替代品之一，并且，燃料乙醇不会对当前交通运输技术和政策带来更加剧烈的变化。

全球变暖等气候变化是促进生物液体燃料发展的第二个因素。目前，温室气体排放量受到全球性关注，很少有人质疑在采取行动减少温室气体排放上的必要性，而且很多国家已经将

---

* 1 加仑≈3.785 升。

生物液体燃料等生物质能源作为重要内容纳入减缓气候变化的行动中。与化石燃料相比，生物质能源被认为在发电、供暖和交通运输方面具有巨大的减排潜力。

我国是粮食生产大国和人口大国，粮食既是关系国计民生和国家经济安全的重要战略物资，也是人民群众最基本的生活资料，粮食安全与社会和谐、政治稳定、经济持续发展息息相关。我国燃料乙醇生产早期主要以陈化粮为生产原料，2007 年考虑到国家粮食安全，国家发展和改革委员会明确提出不再利用粮食作为生物质能源的生产原料，要大力发展非粮作物的燃料乙醇生产。在粮食安全相关政策的驱动下，以粮食为原料的燃料乙醇生产被迅速叫停，该因素也成为我国非粮燃料乙醇生产推广的重要驱动因素之一。

1.2.3 非粮燃料乙醇发展目标和政策

我国燃料乙醇产业化发展时间较晚，但速度较快。2000 年开始推广乙醇汽油准备工作并制定了一系列相关政策法规，2001 年，启动“十五酒精能源计划”且要求汽车运输行业中推广使用燃料乙醇，同时，国家有关部门制定并颁布了《变性燃料乙醇》(GB 18350-2001)、《车用乙醇汽油》(GB 18351-2001)等一系列国家标准[36,37]。同年，我国五部委颁布的《陈化粮处理若干规定》中确定陈化粮的主要用途用于生产燃料乙醇、饲料等。2002 年，国家发布《车用乙醇汽油使用试点方案》和《车用乙醇汽油使用试点工作细则》，这是目前我国燃料乙醇推广应用的主要政策依据。首次试点确定了河南省的郑州、洛阳、南阳和黑龙江省的哈尔滨、肇东 5 个城市进行车用乙醇汽油试用，到 2004 年，车用乙醇汽油的试点进一步扩大到河南、安徽、黑龙江、吉林、辽宁 5 省[38]。

2004 年，为解决陈化粮问题，国家在“十五”期间批准建设了包括中粮生化旗下公司在内的 4 个燃料乙醇生产试点项目，企业生产燃料乙醇能获得高额补贴，批准年生产能力 102 万吨。2005 年 6 月我国 15 家工厂发酵酒精平均出厂价为 4205 元/吨，在酒精总产量中玉米酒精占 48%，薯类酒精占 33%，糖蜜酒精占 19%。

2006 年，我国燃料乙醇产量达 300 万吨左右，成为继巴西、美国之后的第三大燃料乙醇生产国。为了扩大燃料乙醇原料来源，我国已自主开发了以甜高粱茎秆为原料生产燃料乙醇的技术，并已在黑龙江、内蒙古、山东、新疆和天津等地开展了甜高粱的种植及燃料乙醇生产试点[39,40]。同年，国家发展和改革委发布了《关于加强生物燃料乙醇项目建设管理，促进产业健康发展的通知》，要求对生物燃料乙醇项目实施核准制度，建设项目须经国家投资主管部门及财政部门核准[41]，同时指出，重点支持以薯类、甜高粱及纤维资源等非粮原料的燃料乙醇生产。为了规范市场秩序和投资行为，防止盲目建设和投资浪费，国家发展和改革委组织编制了《生物燃料乙醇及车用乙醇汽油“十一五”发展专项规划》和《生物燃料乙醇产业发展政策》，以指导生物燃料乙醇产业有序发展。财政部等五部委在 2006 年 9 月发布的《关于发展能源和生物化工财税扶持政策的实施意见》中指出，发展生物质能源和生物化工产业实施风险基金制度及弹性亏损补贴机制，对该行业产业化技术示范企业予以补助[42]。为了鼓励燃料乙醇的推广，国家对批准生产燃料乙醇的企业采取的优惠政策如下：免征用于调配车用乙醇汽油的变性燃料乙醇 5%的消费税；企业生产调配车用乙醇汽油用变性燃料乙醇的增值税实行先征后返；企业生产调配车用乙醇汽油用变性燃料乙醇所使用的陈化粮享受陈化粮补贴政策；变性燃料乙醇生产和在调配、销售过程中发生的亏损实行定额补贴。

2007年，国家发展和改革委明确提出，不再利用粮食作为生物质能源的生产原料，要大力发展非粮作物的燃料乙醇生产。财政部关于《可再生能源发展专项资金管理暂行办法》也明确表示重点扶持发展用甘薯、木薯、甜高粱等制取的燃料乙醇[42]。农业部公布的《农业生物质能产业规划（2007—2015）》中提出了非常重要的“不与人争粮，不与粮征地”的原则[43]；立足农林废弃物和非粮原料，开拓耕地种植；缓解我国“三农”、能源和环境问题，促进资源节约和循环利用[31]。2008年3月，国家发展和改革委公布的《可再生能源发展“十一五”规划》提出鼓励以甜高粱秆、薯类作物等非粮生物质为原料的燃料乙醇生产，积极建立燃料乙醇规模化试点项目，并明确提出到2010年，以非粮作物为原料的燃料乙醇的年生产能力要达到200万吨[44]。

2011年11月我国发布的《“十二五”农作物秸秆综合利用实施方案》表示在已开展纤维原料生产乙醇的基础上，推进秸秆纤维乙醇产业化，支持实力雄厚、具备研发生产基础的企业开展试点示范，重点解决预处理、转化酶等技术难题[45]。同年12月，国家能源局发布《国家能源科技“十二五”规划》指出，计划在2016年前后完成多项与生物质开发相关的重大技术研究、重大技术装备、重大示范工程，2020年后建成生物液体燃料技术研发平台，开发以木质纤维素为原料生产乙醇、丁醇等液体燃料及适应多种非粮原料的先进生物燃料产业化关键技术[46]；国家发展和改革委发布《大宗固体废弃物综合利用实施方案》指出，推进秸秆固化成型、秸秆气化等可再生能源发展，加快秸秆纤维乙醇关键技术研发[47]。

2012年初，财政部发布通知下调补贴标准，以粮食为原料的燃料乙醇补助标准为500元/吨，以木薯等非粮作物为原料的燃料乙醇补助标准为750元/吨。同年颁布的《“十二五”国家战略性产业发展规划》指出加强下一代生物燃料开发，推进纤维素制乙醇、微藻生物柴油产业化，开展重点地区生物质资源详查评价，鼓励利用边际性土地和近海海洋种植能源作物和能源植物[48]。同年，国家发展和改革委正式批复了山东龙力生物科技股份有限公司5万吨/年的纤维素燃料乙醇项目，使之成为国内唯一能够规模化生产二代纤维燃料乙醇并获得国家定点生产资格的企业。2012年8月，国家能源局发布《可再生能源发展“十二五”规划》指出，要合理开发盐碱地、荒草地、山坡等边际性土地，建设非粮生物质资源供应基地，稳步发展生物液体燃料，支持建设具备条件的木薯乙醇、甜高粱茎秆乙醇、纤维素乙醇等项目，推进以农林剩余物为主要原料的纤维素乙醇和生物质热化学转化制备液体燃料示范工程[49]。2013年1月，国务院发布《能源发展“十二五”规划》，表示有序开发生物质能，以非粮燃料乙醇和生物柴油为重点，加快发展生物液体燃料，因地制宜利用农作物秸秆、林业剩余物发展生物质发电、气化和固体成型燃料[50]。

2014年4月，财政部发布《关于调整定点企业生物燃料乙醇财政政策的通知》（财建【2014】91号），将以粮食为原料的生物燃料乙醇定点企业财政补贴政策调整为2013年300元/吨、2014年200元/吨、2015年100元/吨，2016年不再给予补助，与此同时，自2015年1月1日起国家将取消变性燃料乙醇定点企业的增值税先征后退政策，以粮食为原料生产的变性燃料乙醇也将恢复征收5%的消费税。2009—2016年我国对以粮食为原料的燃料乙醇补助情况见表1-1。

表 1-1　2009—2016 年我国对以粮食为原料的燃料乙醇补贴金额统计表

时间(年)	以粮食为原料的燃料乙醇补贴(元/吨)
2009	2055
2010	1659
2011	1276
2012	500
2013	300
2014	200
2015	100
2016	0

2014 年 11 月 1 日，由环境保护部环境工程评估中心、轻工业保护研究所、河南天冠企业集团有限公司共同编制的《生物燃料乙醇行业环境污染控制评价技术方法》(NB/T-10012-2014)开始实施，该方法规定了污染防治措施(包括废水、废气、固废及噪声污染防治措施)、环境风险防控(包括排水系统、事故水防控系统、环境风险监控系统及风险应急管理等)、环境管理指标及其权重分值，制定了燃料乙醇清洁生产指标及其权重分值，并提出定量评价燃料乙醇企业污染控制水平的等级方法。

2015 年 8 月 7 日，国务院发布《关于加快转变农业发展方式的意见》，意见指出要推进农业废弃物资源化利用，落实畜禽规模养殖环境影响评价制度，启动实施农业废弃物资源化利用示范工程[51]。2016 年 4 月 26 日，中共中央国务院发布《中共中央国务院关于全面振兴东北地区等老工业基地的若干意见》指出，适当扩大东北地区燃料乙醇生产规模，研究布局新的产业基地。政策方面我国已经完全取消以粮食为原料的燃料乙醇生产补贴，虽然截至 2015 年底，我国燃料乙醇产量未能达到“十二五”规划目标，但目前，按照“十三五”规划要求，我国生物燃料企业和相关行政部门已经在着手制定新的生物质能和生物液体燃料的生产目标，包括如何促进以纤维素和微藻为原料的燃料乙醇生产[30]。

1.2.4　非粮燃料乙醇生产主要技术标准

近年来，随着燃料乙醇生产技术的不断提高和生产规模的不断扩大，我国制定和修订了多项燃料乙醇及燃料乙醇生产相关的技术标准和推行方案，主要包括《变性燃料乙醇国家标准》(GB 18350-2013)、《车用乙醇汽油国家标准(E10)》(GB 183521-2015)、《酒精制造业清洁生产标准》(HJ 581-2010)、《酒精行业清洁生产技术推行方案》(工信部节[2010]104 号)、《酒精行业节能减排技术指南》(工信部联节[2012]434 号)、《酒精工业水污染物排放标准》(GB 27631-2011)[16,18,52]。2015 年最新发布的《生物燃料乙醇行业环境污染控制评价技术方法》(NB/T-10012-2014)是我国燃料乙醇行业的首个环境标准。下面对乙醇、变性燃料乙醇、车用燃料乙醇及生物燃料乙醇清洁生产分别进行简单介绍。

1)乙醇规格参数相关标准

国家标准《化学试剂乙醇(95%)》(GB/T 679-2002)于 2003 年 4 月 1 日起开始实施，标准将乙醇(95%)的规格分为分析纯和化学纯。国家标准《化学试剂乙醇(无水乙醇)》(GB 678-2002)于 2002 年 12 月 1 日开始实施，按照无水乙醇纯度规格分为优级纯、分析纯和化学纯。

优级纯试剂属于一级品，其主成分含量很高，纯度也很高，适用于精确分析和研究工作；分

析纯试剂属于二级品，纯度略低于优级纯，适用于工业分析及化学实验；化学纯试剂属于三级品，存在干扰杂质，适用于化学实验和合成制备。不同规格乙醇(95%)的规格参数见表1-2，不同规格无水乙醇的规格参数见表1-3。

表 1-2 我国乙醇(95%)的规格参数

名称	分析纯	化学纯
乙醇(CH_3CH_2OH)的体积分数/%	≥95	≥95
色度/黑曾单位	≤10	—
与水混合试验	合格	合格
蒸发残渣的质量分数/%	≤0.001	≤0.002
酸度(以 H^+ 计)/(mmol/100 g)	≤0.05	≤0.1
碱度(以 OH^+ 计)/(mmol/100 g)	≤0.01	≤0.02
甲醇(CH_3OH)的质量分数/%	≤0.05	≤0.2
丙酮及异丙酮(以 CH_3COCH_3 计)的质量分数/%	≤0.0005	≤0.001
杂醇油	合格	合格
还原高锰酸钾物质(以氧计)的质量分数/%	≤0.0004	≤0.0004
易炭化物质	合格	合格

表 1-3 我国无水乙醇的规格参数

名称	优级纯	分析纯	化学纯
乙醇(CH_3CH_2OH)的质量分数/%	≥99.8	≥99.7	≥99.5
密度(20℃)/(g/mL)	0.789～0.791	0.789～0.791	0.789～0.791
与水混合试验	合格	合格	合格
蒸发残渣的质量分数/%	≤0.0005	≤0.001	≤0.001
酸度(以 H^+ 计)/(mmol/100 g)	≤0.02	≤0.04	≤0.1
碱度(以 OH^+ 计)/(mmol/100 g)	≤0.005	≤0.01	≤0.03
水分的质量分数/%	≤0.2	≤0.3	≤0.5
甲醇(CH_3OH)的质量分数/%	≤0.02	≤0.05	≤0.2
异丙醇($(CH_3)_2CHOH$)的质量分数/%	≤0.003	≤0.01	≤0.05
羟基化合物(以CO计)的质量分数/%	≤0.003	≤0.003	≤0.005
易炭化物质	合格	合格	合格
铁(Fe)的质量分数/%	≤0.00001	—	—
锌(Zn)的质量分数/%	≤0.00001	—	—
还原高锰酸钾物质(以氧计)的质量分数/%	≤0.00025	≤0.00025	≤0.00025

2)变性燃料乙醇国家标准

国家标准《变性燃料乙醇》(GB 18350-2013)由全国变性燃料乙醇和燃料乙醇标准化技术委员会(SAC/TC 349)提出并归口，于 2014 年 5 月 1 日开始实施[16]。该标准适用于以淀粉质、糖质、纤维素等为原料，经发酵、蒸馏、脱水后制得并添加变性剂使其变性的燃料乙醇。我国变性燃料乙醇的主要原料包括燃料乙醇和变性剂，变性燃料乙醇技术要求见表1-4。

表 1-4　我国变性燃料乙醇的技术要求

项目		指标
燃料乙醇与变性剂的体积混合比例		100：1～100：5
金属腐蚀抑制剂		应加入有效的金属腐蚀抑制剂，以满足车用乙醇汽油铜片腐蚀的要求
外观		清澈透明，无可见悬浮物和沉淀物
乙醇 φ/%	≥	92.1
甲醇 φ/%	≤	0.5
溶剂洗胶质/(mg/100 mL)	≤	5.0
水分 φ/%	≤	0.8
无机氯(以 Cl^- 计)/(mg/L)	≤	8
酸度(以乙酸计)/(mg/L)	≤	56
铜/(mg/L)	≤	0.08
pHe		6.5～9.0
硫/(mg/kg)	≤	30

注：pHe 是变性燃料乙醇中酸强度的度量。

3）车用燃料乙醇技术要求

国家标准《车用乙醇汽油（E10）》（GB 18351-2015）由全国石油产品和润滑剂标准化技术委员会（SAC/TC 280）归口[18]。车用乙醇汽油（E10）标准自 2001 年发布第一个版本以来，共发布 GB 18351-2001、GB 18351-2004、GB 18351-2010、GB 18351-2013 和 GB 18351-2015 五个版本。《车用乙醇汽油（E10）》（GB 18351-2013）按研究法辛烷值分为 90 号、93 号和 97 号三个牌号，最新发布的《车用乙醇汽油（E10）》（GB 18351-2015）按研究法辛烷值分为 89 号、92 号、95 号和 98 号四个牌号，其中 90 号、93 号和 97 号车用乙醇汽油技术要求于 2017 年 1 月 1 日废止，分别由 89 号、92 号、95 号车用乙醇汽油代替。我国车用乙醇汽油（E10）技术要求见表 1-5。

表 1-5　我国车用乙醇汽油(E10)的技术要求

项目		质量指标						
		90	93	97	89	92	95	98
抗爆性：								
研究法辛烷值(RON)	不小于	90	93	97	89	92	95	98
抗爆指数(RON+MON)/2	不小于	85	88	报告	84	87	90	93
铅含量/(g/L)	不大于	0.005			0.005			
馏程：								
10%蒸发温度/℃	不高于	70			70			
50%蒸发温度/℃	不高于	120			120			
90%蒸发温度/℃	不高于	190			190			
终馏点/℃	不高于	205			205			
残留量(体积分数)/%	不大于	2			2			
蒸气压/kPa								
11 月 1 日至次年 4 月 30 日		42～85			45～85			
5 月 1 日—10 月 31 日		40～68			40～65			

续表

项目		质量指标						
		90	93	97	89	92	95	98
胶质含量/(mg/100 mL)	不大于							
未洗胶质含量(加入清净剂前)		30			30			
溶剂洗胶质含量		5			5			
诱导期/min	不小于	480			480			
硫含量/(mg/kg)	不大于	50			10			
硫醇(满足下列指标之一,即为合格):								
博士试验		通过			通过			
硫醇硫含量(质量分数)/%	不大于	0.01			0.001			
铜片腐蚀(50℃,3 h)/级	不大于	1			1			
水溶性酸或碱		无			无			
机械杂质		无			无			
水分(质量分数)/%	不大于	0.20			0.20			
乙醇含量(体积分数)/%		10.0±2.0			10.0±2.0			
其他有机含氧化合物(质量分数)/%	不大于	0.5			0.5			
苯含量(体积分数)/%	不大于	1.0			1.0			
芳烃含量(体积分数)/%	不大于	40			40			
烯烃含量(体积分数)/%	不大于	28			24			
锰含量/(g/L)	不大于	0.008			0.002			
铁含量/(g/L)	不大于	0.010			0.010			
密度(20℃)/(kg/m^3)	不大于	—			720～775			

4)酒精行业清洁生产标准

国家环境保护部于2010年6月8日发布行业标准《清洁生产标准 酒精制造业》(HJ 581-2010),该标准于2010年9月1日起实施[52]。标准规定了酒精制造企业清洁生产的一般要求并将清洁等级分为三级:一级代表国际清洁生产先进水平,二级代表国内清洁生产先进水平,三级代表国内清洁生产基本水平。该标准将清洁生产标准指标分为五类,包括生产工艺与装备要求、资源能源利用指标、污染物产生指标(末端处理前)、废物回收利用指标和环境管理要求。适用于以谷类、薯类、糖蜜为原料经发酵、蒸馏工艺生产酒精的酒精企业的清洁生产审核、清洁生产潜力与机会的评判、清洁生产绩效评定和清洁生产绩效公告制度,也适用于环境影响评价和排污许可证管理等环境管理制度。随着技术的不断发展和进步,该标准也将适时修改。我国酒精制造企业的清洁生产指标要求见表1-6。

表1-6 我国酒精制造业清洁生产标准指标要求

清洁生产指标		一级	二级	三级
一、生产工艺与装备要求				
1. 发酵成熟醪酒精分(体积分数)/%	谷类	≥13	≥12	≥11
	薯类	≥12	≥11	≥10
	糖蜜	≥11	≥10	≥9
2. 清洗系统		自动清洗系统(CIP)		人工清洗

续表

清洁生产指标		一级	二级	三级
3. 蒸馏装备		差压蒸馏		常压蒸馏
二、资源能源利用指标				
1. 单位产品综合能耗(折合标准煤计算)/(kg/kL)	谷类	≤550	≤600	≤800
	薯类	≤500	≤550	≤650
	糖蜜	≤350	≤450	≤550
2. 单位产品耗电量(kW·h/kL)	谷类	≤140	≤260	≤380
	薯类	≤120	≤150	≤170
	糖蜜	≤20	≤40	≤50
3. 单位产品取水量	谷类	≤10	≤20	≤30
	薯类	≤10	≤20	≤30
	糖蜜	≤10	≤40	≤50
4. 糖分出酒率/%		≥53	≥50	≥48
5. 淀粉出酒率/%	谷类	≥55	≥53	≥52
	薯类	≥56	≥55	≥53
三、污染物生产指标(末端处理前)				
1. 单位产品废水产生量(m^3/kL)	谷类	≤10	≤15	≤20
	薯类	≤10	≤15	≤20
	糖蜜	≤10	≤20	≤30
2. 单位产品化学需氧量(COD)产生量/(kg/kL)	谷类	≤250	≤300	≤350
	薯类	≤250	≤300	≤350
	糖蜜	≤800	≤1000	≤1200
3. 单位产品酒精糟液产生量/(m^3/kL)(综合利用前)	谷类	≤8	≤10	≤11
	薯类	≤8	≤10	≤11
	糖蜜	≤9	≤11	≤14
四、废物回收利用指标				
1. 酒精糟液综合利用率/%		100		
2. 冷却水循环利用率/%		≥95	≥90	≥80
五、环境管理要求				
1. 环境法律法规		符合国家和地方有关法律、法规,污染物排放达到国家和地方排放标准、总量控制和排污许可证要求		
2. 组织机构		建立健全专门环境管理机构,配备专职管理人员		
3. 环境审核		按照国家标准《环境管理体系 要求及使用指南》(GB/T 24001-2016)建立并有效运行环境管理体系,环境管理手册、程序文件及作业文件齐备,通过环境管理体系认证;按照《清洁生产审核暂行办法》的要求完成清洁生产审核,并经省级环境保护行政主管部门评估验收,持续实施清洁生产		环境管理制度健全、原始记录及统计数据齐全有效;按照《清洁生产审核暂行办法》的要求完成了清洁生产审核,并经省级环境保护行政主管部门评估验收,持续实施清洁生产

续表

清洁生产指标	一级	二级	三级
4. 生产过程环境管理	有原材料质检制度和原材料消耗定额管理制度，对能耗水耗有考核，对产品合格率有考核，各种人流、物流包括人的活动区域、物品堆存区域等有明显标识；管道、设备无跑、冒、滴、漏，有可靠的防范措施		
5. 固体废物处理处置	采用符合国家规定的废物处置方法处置废物；一般固体废物按照国家标准《一般工业固体废物贮存、处置场污染控制标准》(GB 18599-2001)相关规定执行		
6. 相关方环境管理	购买有资质的原材料供应商产品，对原材料供应商的产品质量、包装盒运输环节提出环境管理要求		

注：单位产品折算95%(体积分数)的酒精。

1.2.5 非粮燃料乙醇发展的社会经济及环境影响

能源是一个国家经济和社会发展的重要基础，也是各国战略安全的重要组成部分，面对能源危机、环境污染和气候变暖等问题，我国已经将目光转向能源多元化发展和加快可再生能源开发上，燃料乙醇作为可再生能源的代表之一，已经成为我国新型能源研发的重点。而随着研究的深入，关于燃料乙醇是否能够有效缓解碳排放问题，争论激烈[53,54]。生物燃料乙醇作为石油燃料的替代品，尽管存在很多争议，但研究生物燃料乙醇对降低交通运输业的碳排放仍然具有积极意义。

国际能源署及联合国粮农组织对世界范围内生物液体燃料生产过程温室气体排放进行的评估认为，尽管效益各不相同，但生物液体燃料均能在一定程度上减少温室气体的排放。我国有研究分析认为，推广使用变性燃料乙醇既可能促进大气环境质量的改善，也可能造成某些污染物排放量的增加[55]。目前我国燃料乙醇生产中依然存在一些环境方面的问题。我国早期燃料乙醇生产过程能耗较高，尚难以实现低碳排放和摆脱对化石能源的依赖，而且环境污染方面的问题较为严重，尤其是水环境和大气环境的影响方面，如蒸馏发酵成熟醪后排出的酒精糟液、设备洗涤水、冲洗水及蒸煮、糖化、发酵、蒸馏工艺的冷却水等产生的污水[56,57]。但经过对酒精糟液处理和综合利用研究与开发，一些新的工艺和技术已经将原料生产工艺、综合利用、污水治理等作为一个整体的综合系统考虑，大大降低了生产中造成的水污染[58]。而在大气环境方面，国内外大量研究表明，燃料乙醇的使用对改善大气环境有积极的作用。

低碳经济是一种由高碳能源向低碳能源过渡的经济发展模式，同时也是生态环境代价和社会成本最低的经济发展模式[59]。非粮燃料乙醇生产技术的不断成熟无疑将促进低碳经济的发展。而从社会经济的角度来说，推广使用非粮燃料乙醇必将对人们的消费行为、生产行为、生活方式等产生影响，也会对各利益团体行为的变化带来间接影响[57]。首先，非粮燃料乙醇以农产品、农副产品及农业废弃物为原料依托，不仅促进农业产品生产的可持续性发展，而且对于充分利用农副产品、农业废弃物，提高农民收入水平等具有一定的推动作用。其次，对于财政部门，推广非粮燃料乙醇可以在一定程度上减轻国家和地方财政负担，增加国家和省市财政收入。再次，对于税收部门而言，虽然在对非粮燃料乙醇政策补贴期间会影响一定的税收收入，但是随着技术的成熟，补贴逐渐减少，农民收入不断增加，因此对税收的影响不大。最后，对于乙醇生产企业来说，非粮燃料乙醇的推广可以促使乙醇生产企业技术的革新、规模的增加和污染治理设施的完善，最终实现低碳生产、低能耗生产、清洁生产等目标。

1.2.6 非粮燃料乙醇发展趋势与前景展望

目前，燃料乙醇的发展更多地是以环境友好、减少石油依赖，缓解能源危机等为出发点，非粮燃料乙醇是我国燃料乙醇发展的重要方向和趋势。

随着人口增长和全球经济扩张，我国生物燃料乙醇产量和消耗将继续增加。目前，我国是世界上第三大生物燃料乙醇生产国和应用国，仅次于美国和巴西。2015 年，发展中国家在可再生能源和燃料中的投入首次超过发达国家，包括中国、印度和巴西在内，发展中国家在可再生能源和燃料方面共投入 1560 亿美元，比 2014 年增长 19%，其中我国占主导地位，投资额占全球投资总额的 36%[60]。2016 年《BP 能源展望》指出，随着全球经济的扩张，全球能源消耗将在 2014—2035 年间增加 34%，我国能源消耗增长 48%，占全球能源消耗的 25%，且截至 2032 年，我国将取代美国成为最大的液体燃料消费国[61]。

1.3 燃料乙醇生产原料概述

燃料乙醇生产原料可以分为三类：一是以糖质为原料，如甘蔗、甜高粱、甜菜等；二是以淀粉质为原料，如木薯、菊芋、玉米和小麦等；三是以木质纤维素为原料，如柳枝稷、芒草、甘蔗渣、农作物秸秆、废弃物和杂草等。燃料乙醇生产原料分类见表 1-7。

表 1-7 燃料乙醇生产主要原料

分类	原料
糖类	甜高粱、甘蔗、糖蜜、甜菜
淀粉类	木薯、菊芋、玉米、小麦
木质纤维素类	柳枝稷、芒草、甘蔗渣、农作物秸秆、废弃物和杂草

1.3.1 糖质原料概况

糖质原料生产燃料乙醇是指利用原料中含有的小分子糖，如葡萄糖、果糖、蔗糖等，发酵生产燃料乙醇，常见的糖质原料主要有糖浆、甘蔗、甜菜、甜高粱等，几种常见糖质原料的乙醇产量和蕴能度见表 1-8[62]。

表 1-8 几种糖质原料的乙醇产量和蕴能度[62]

作物种类	初级产品年产量(t/hm^2)	糖或淀粉质量分数(%)	原料的酒精产率(L/t)	年酒精生产量(kg/hm^2)	每年生产乙醇天数(天)
糖浆	—	50	300	—	330
甘蔗	70	12.5	70	4900	150/180
甜菜	45	16	100	4300	90
甜高粱	34.5	14	80	2760	—

1）甜高粱

甜高粱属于 C4 作物，光合效率高，抗旱、耐涝、耐盐碱，在一般耕地、荒地、山地、盐碱地均可种植。在不适宜种植其他粮食作物和糖料作物的地区种植甜高粱，既不与粮争地，又可粮、糖双收，因而引起许多国家的广泛重视、积极研究和大力推广。甜高粱与普通高粱一样，每亩地可以产出粮食籽粒200～500 kg，但甜高粱的精华在于它亩产4000～5000 kg、富含18%～24%糖分的茎秆。目前甜高粱茎秆发酵生产乙醇主要是利用茎秆中的糖分，其糖分组成主要是蔗糖，最高达79%[63]。薛洁等在研究中表示，经国家食品质量监督检验中心测定一批来自我国海南省的甜高粱茎秆物性参数见表1-9[64]。

表1-9 甜高粱茎秆物性参数[64]

指标	水分(%)	灰分(%)	总氮(%)	pH值	粗纤维(%)	总糖(%)	还原糖(%)	果胶质(%)	堆积比重(kg/m^3)
含量	76.0	24.0	0.12	4.5	8.0	11.0	2.67	0.15	255

2)甘蔗

甘蔗是乔本科的多年生草本植物，在全世界热带和亚热带均有栽培。在世界已有的糖质和淀粉质燃料乙醇原料中，甘蔗是唯一的多年生草本C4作物，单位面积生物量居大田作物之首。C4光合系统是人类至今已知光合作用效率最高的，甘蔗也是至今栽培作物中可发酵量最高、生物量最高的作物。同时，由于甘蔗具有地下根茎，为多年生草本植物，一次种植可收获多年，在国外，一般宿根3～5年不减产。宿根是精简栽培技术，有利于保护环境，因此比一年生植物具有明显优势[65]。

虽然甘蔗在乙醇生产中具有一定的优势，但是甘蔗存在与粮食争地的问题。我国甘蔗的主产区主要分布在北纬24°以南的热带、亚热带地区，根据甘蔗生长的气候条件，可以划分为华南蔗区、华中蔗区和西南蔗区。甘蔗既可以在旱地也可以在水田中种植，由于甘蔗种植具有一定的收益优势，因此受到市场杠杆的调节后导致一些蔗区作物种植面积向甘蔗倾斜，甚至占用一定的基本农田。保护基本农田关系到我国粮食安全，而甘蔗侵占农业用地的做法与中央保护农田的原则相背离。为了避免该现象，一般利用当地税务局税收网络和制糖企业的收购网络建立联动机制，实现对甘蔗种植的调控[66]。

甘蔗的化学成分随品种、土壤、气候条件、栽培措施、成熟程度等有所不同。主要化学成分见表1-10。

表1-10 甘蔗的化学组成[67]

组成	水分(%)	蔗糖(%)	还原糖(%)	粗纤维(%)	灰分(%)	有机非水分(%)
甘蔗	70～77	12～18	0.4～1.5	9.5～12	0.5～1.0	0.7～1.0

3)糖蜜

糖蜜是制糖工业的副产品，是蔗糖生产中无法再蒸浓结晶的母液，约含有全糖分(蔗糖和还原糖)50%，此外还含有丰富的维生素、无机盐及其他高能量的非糖物质[68,69]。糖蜜按原料不同可分为甘蔗糖蜜、甜菜糖蜜、大豆糖蜜、柑橘糖蜜和玉米糖蜜等，其中甜菜糖蜜和甘蔗糖蜜产量较大。糖蜜廉价易得，应用工艺简单，在轻工、化工、医药、食品和建材等行业得到应用，具有较高的开发应用价值。糖蜜既可以直接应用于动物饲料、用作造纸业造纸助剂，也可以发酵产生醇类、蛋白类产品，适当地进行改性还可以提取减水剂、缓凝剂和助磨剂等。

4)甜菜

甜菜(*Beta vulgaris* L.)又名萘菜,属藜科甜菜属。原产于欧洲西部和南部沿海,是除甘蔗外的一个主要糖源,也是我国的主要糖料作物之一。甜菜块根的主要化学组成成分包括总糖 17.3%,水 75%,纤维素、半纤维素 3.3%,果胶质 2.3%,蛋白质及其他含氮物质 1.5%,灰分 0.6%[70]。甜菜与其他作物相比,具有耐旱、耐寒、耐盐碱、适应性广、对气候土壤要求不严等特征,而随着对能源甜菜的不断开发,甜菜特性也将得到进一步的优化和改善,具有较好的发展前景[71]。

1.3.2 淀粉质原料概况

近年来随着耐高温、耐高糖、耐高酒精的酵母的选育和双酶法加工工艺、发酵分离耦合等技术的完善,糖类和淀粉发酵酒精的成本越来越低,富含淀粉的能源植物越来越受到重视。几种淀粉质原料作物单位面积产品原料加工酒精量如表 1-11 所示。在糖质和淀粉质主要的酒精原料作物中,单位面积土地的酒精生产率以木薯最高,甘蔗次之,几种常见淀粉质原料的乙醇产量和蕴能度见表 1-11[62,72]。

表 1-11 几种淀粉原料的乙醇产量和蕴能度[62,72]

作物种类	初级产品年产量(t/hm^2)	糖或淀粉质量分数(%)	原料的酒精产率(L/t)	年酒精生产量(kg/hm^2)	每年生产乙醇天数(天)
玉米	5	69	410	2050	330
小麦	4	66	390	1560	330
水稻	5	75	450	2250	—
木薯	40	25	150	6000	200~300
甘薯	25×2	25	150	3750×2	—
耶路撒冷洋蓟	50	14	80	4000	90

1)木薯

木薯是一种重要的全球性作物,其块根富含大量的淀粉,是燃料乙醇生产中主要利用的部分。木薯块根的化学成分,除水之外主要是碳水化合物,其他成分,如蛋白质、脂肪等含量都比较少。鲜木薯淀粉含量达 20%~30%,木薯干可达 70%左右,此外,还含有 4%左右的蔗糖。木薯原料的主要成分见表 1-12[72]。

表 1-12 木薯原料的组成[72]

种类	水分(wt%)	碳水化合物(wt%)	粗蛋白(wt%)	粗脂肪(wt%)	粗纤维(wt%)	粗灰分(wt%)
鲜木薯	70.25	26.58	1.12	0.41	1.11	0.54
干木薯	14.71	72.1	2.64	0.86	3.55	2.85

我国是最早大规模采用木薯为原料生产乙醇的国家,随着粮食作物价格上涨及国家“不与粮争地”的政策需求,我国东部沿海地区和广西等地的乙醇生产企业开始逐渐将原料转向价格低廉的木薯。

2）菊芋

菊芋（*Helianthus tuberosus* L.），又名洋姜，多年生草本植物，是一种非粮作物，具有较强的环境适应性，耐寒、耐旱，可生长在贫瘠的盐碱地而不需要施加肥料[73]。菊芋原产北美，经欧洲传入我国，分布广泛，在我国南北各地均有栽培。菊芋全植株分为地下块茎和地上秸秆两部分，其中块茎含糖量为其干重的60%～70%，主要成分为淀粉、菊糖等果糖多聚物，通过酸解和酶解等途径可以转化为易于发酵的果糖；秸秆含有纤维素和半纤维素，经过水解产生的葡萄糖、木糖及阿拉伯糖等也可以被多种微生物利用，因此菊芋是用于生产大宗能源产品和高附加值的中间化学品的理想能源作物[74]。

目前，文献报道的发酵菊芋生产燃料乙醇分别为粗菊芋粉带渣发酵和菊芋汁清液连续发酵两种工艺。菊芋汁清液连续发酵是指将菊芋压榨成菊芋汁液后，经菊芋酶水解，由酿酒酵母发酵生产乙醇，该法发酵速度快、产量高，但投资相对较大。菊芋带渣发酵法是利用产菊粉酶的菌株和乙醇发酵菌株共同发酵或直接由既能产生菊粉酶又能发酵乙醇的克鲁维酵母直接完成粗菊芋粉的发酵。生料发酵时间长，但具有设备简单、操作容易、投资少、污染小、易推广等优点[75]。

3）玉米、小麦

玉米是禾本科玉蜀黍属一年生草本植物，原产于拉丁美洲的墨西哥和秘鲁一带。小麦是小麦系植物的统称，单子叶植物，在世界范围广泛种植的禾本科植物，小麦的颖果是人类主食之一，磨成面粉后可制作面包、馒头、饼干、面条等食物。我国是世界上最大的小麦生产国，在我国，小麦多用于食品加工，2003年前后有过生产燃料乙醇的报道。由于2007年，我国政府出台“避免生物燃料发展‘与人争粮’和‘与粮争地’”的政策，因此玉米、小麦等粮食作物生产燃料乙醇被叫停。

1.3.3 纤维素、半纤维素原料概况

木质植物纤维素是地球上最丰富、最廉价的可再生资源，植物每年通过光合作用，能产生高达1550亿吨纤维素类物质，其中纤维素、半纤维素的总量为850亿吨，而每年用于工业过程或燃烧的纤维素仅占2%左右，还有很大一部分未被利用。纤维素通过酶法或化学转化，可降解为葡萄糖、木糖等物质，进一步通过工业发酵，形成生物燃料乙醇，替代石油[76]。理想的生物能源作物应能产生高的生物量，水、氮、灰烬的含量少，木质素和纤维素含量高。用于生产燃料乙醇的纤维素、半纤维原料包括柳枝稷、甘蔗渣、农作物秸秆、农业加工剩余物、农业废弃物和杂草等。

1）柳枝稷

柳枝稷是一种典型的理想生物燃料，可适应砂土、黏壤土等多种土壤类型，具有较强的耐寒性，能够适应苛刻的土壤条件，甚至在岩石类土壤中亦能生长，并且有较高的水肥利用效率[77]。柳枝稷细胞成分显示，其细胞壁成分主要为纤维素、半纤维素及木质素，其整株植株的淀粉和蛋白质含量分别高于玉米和大豆。柳枝稷为C4高生物量作物，碳的吸收效率是常规作物的20～30倍。柳枝稷细胞壁（干物质）含有纤维素37.10%、半纤维素32.10%、碳合物13.6%、木质素17.2%，可见其木质素和纤维素的含量极高，不同生长期的柳枝稷成分含量见

表 1-13[78]。最近的研究显示，柳枝稷的乙醇转化率可达 57%，其提取量是玉米的 15 倍，其含水 11.99%、灰烬 4.61%、碳 42.04%、氢 4.97%、氧 35.44%、氮 0.77%、硫 0.18%。1 kg 柳枝稷单独燃烧使 CO_2、N_2O、CH_4、SO_x、NO_x、CO 的排放量分别为 1525 g、0.0893 g、0.144 g、0.172 g、3.366 g 和 4.122 g[76]。

表 1-13　柳枝稷不同生长期的成分含量[78]

生育期	细胞壁(g/kg)		纤维素(g/kg)		半纤维素(g/kg)		木质素(g/kg)		灰分	总能
	纤维	NDF	葡萄糖	ADF-ADL	糖类	NDF-ADF	KL	ADL	(g/kg)	(MJ/kg)
生长期	657	669	273	337	235	318	133	12	89	18.211
开花期	694	669	283	340	245	301	154	23	57	18.619
霜后期	789	733	322	383	279	311	173	34	57	18.694

2）芒草

芒草是芒属植物的总称，是多年生禾本科 C4 植物。芒草异花传粉、自交不亲和，寿命通常为 18～20 年，最长可达 25 年，广泛分布于从东南亚到太平洋岛屿的热带、亚热带和温带地区。全世界共有约 14 个野生种芒草，大多分布于亚洲，少量在非洲。我国是芒草自然资源最丰富的国家，拥有 7 个品种，分布于全国整个气候带。芒草生长在贫瘠的荒山野岭上，光合作用效率高，可以有效地把太阳能和二氧化碳转化成能量储存起来，且芒草产量大，用芒草生产燃料乙醇不仅"不与人争地"，也能做到"不与粮争地"。但芒草的木质素含量比水稻和小麦等禾本科植物秸秆含量高，不易降解[79]。

3）农业废弃物和杂草等

我国是一个农业和人口大国，在每年的农业生产中会产生大量农业废弃物，能源草的分布也很广泛。这些原料早期无法得到有效利用，而随着生物质能逐渐受到重视，越来越多的能源草和废弃物的潜力被发现和利用起来，例如，甘蔗渣、玉米秸秆、小麦秸秆、玉米芯和柳枝稷、荻、芦竹等在燃料乙醇发酵方面得到快速发展[80]。

农业废弃物和杂草生产燃料乙醇主要利用原料中含有的木质纤维素，由于木质纤维素原料主要由纤维素、半纤维素和木质素构成，且彼此间相互缠绕形成复杂紧密的结晶结构，很难使纤维素酶直接降解其中的纤维素成分，因此需要对原料进行有效的预处理，破坏木质纤维素的致密结构，降低结晶度，增加比表面积。目前常用的预处理方法可以分为物理法、化学法、物理化学法和生物法，其中物理法包括机械粉碎、微波处理、超声波处理等；而化学法主要包括酸处理、碱处理、湿式氧化处理和臭氧处理等[79,81,82]。

1.4　非粮燃料乙醇生产工艺概述

乙醇的生产工艺，按照发酵过程物料存在的状态、发酵法可分为液体发酵、半固体发酵和固体发酵；根据发酵料注入发酵罐的方式，可分为间歇式、半连续式和连续式。乙醇生产工艺分类及关系见图 1-2[83]。

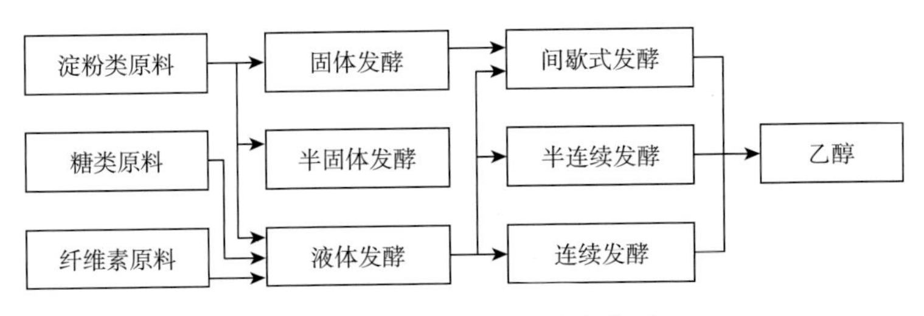

图 1-2 乙醇生产工艺分类体系

根据燃料乙醇生产原料的不同,燃料乙醇生产工艺也有所不同。

以糖为原料生产燃料乙醇,工艺最为成熟的是巴西以甘蔗汁及甘蔗蜜糖为原料进行发酵转化。发酵采用的酵母及发酵方式直接影响乙醇的转化率,最常用的乙醇发酵菌种为酿酒酵母。常用的发酵方式有批次发酵、流加补料发酵、重复批次发酵、连续发酵以及连续去除乙醇发酵[84]。

以淀粉为原料生产燃料乙醇,工艺最为成熟的是以玉米为原料。美国绝大部分的燃料乙醇是以玉米为原料生产的。玉米燃料乙醇按照生产工艺可分为“湿法”与“干法”。对于专业的乙醇生产企业,采用技术手段分离出胚芽生产玉米油是必要的,并且工业生产乙醇时,只要求玉米淀粉脂肪含量低于 1.0%即可。因此,“半干法”工艺或“改良湿法”工艺被渐渐采用和发展[85]。

以木质纤维素为原料发酵乙醇的工艺主要有直接发酵法、间接发酵法、混合菌发酵法、同步水解发酵法(SSF 法)、非等温同步水解发酵法(NSSF 法)、固定化细胞发酵法等;根据乙醇生产形态方式分为间歇式、半连续式和连续式三种。现代燃料乙醇生产中的发酵技术推荐使用连续液体发酵工艺、同步水解发酵法(SSF 法)、非等温同时糖化发酵法(NSSF)、固定化细胞发酵技术和无蒸煮发酵技术等[86]。

1.4.1 甜高粱原料的燃料乙醇生产工艺

甜高粱制乙醇可分为籽粒制乙醇和茎秆制乙醇两大类,其中茎秆制乙醇又包括茎汁制乙醇和纤维制乙醇两种方式[87]。

1)高粱籽粒酿酒

高粱籽粒是我国传统酿酒行业的主要原料,驰名中外的中国名酒多以高粱为主料,采用固态发酵方式生产。由于甜高粱籽粒属于粮食,不能用于燃料乙醇的生产,因此我国只能利用甜高粱茎秆制燃料乙醇。

2)甜高粱茎汁生产燃料乙醇工艺

将甜高粱茎秆糖汁榨出,利用其所含的蔗糖、葡萄糖和果糖直接进行液态发酵生产乙醇,原理简单,操作简便,发酵工艺常为液态发酵。其流程一般是先清理高粱秸秆,再将秸秆破碎榨汁,将榨出的汁过滤澄清,加入一定量的酵母进行发酵,最后得到所需的乙醇产品。甜高粱茎汁液态发酵乙醇生产工艺流程见图 1-3[88]。

3)甜高粱茎秆纤维生产燃料乙醇工艺

甜高粱茎秆纤维生产燃料乙醇可归属于纤维素燃料乙醇领域,是利用甜高粱茎秆中的纤维素、半纤维素等碳水化合物水解生成可发酵糖，再经发酵制乙醇。生产工艺多采用固态发酵，发酵方式又分立糖化发酵、同步糖化发酵、同步糖化共发酵等。甜高粱茎秆固态发酵生产燃料乙醇工艺流程为：冷冻甜高粱茎秆—解冻—粉碎机粉碎—接入酵母，营养盐—控温固态发酵—固态蒸馏。工艺操作要点包括以下几个步骤[89]：

(1)原料解冻后，切成 2～3 cm 的小段，用间隙为 0.5 cm 的粉碎机粉碎；

(2)将破碎的原料放入发酵容器中，装料系数大约为 80%；

(3)添加 0.09%已活化的活性干酵母和 0.02%的酵母营养盐，充分搅拌混匀，调整 pH 值为 3.5；

(4)控制发酵室温度为 25℃，每天测酒精度的变化及降糖速率；

(5)发酵结束后，分离，进行固态蒸馏。

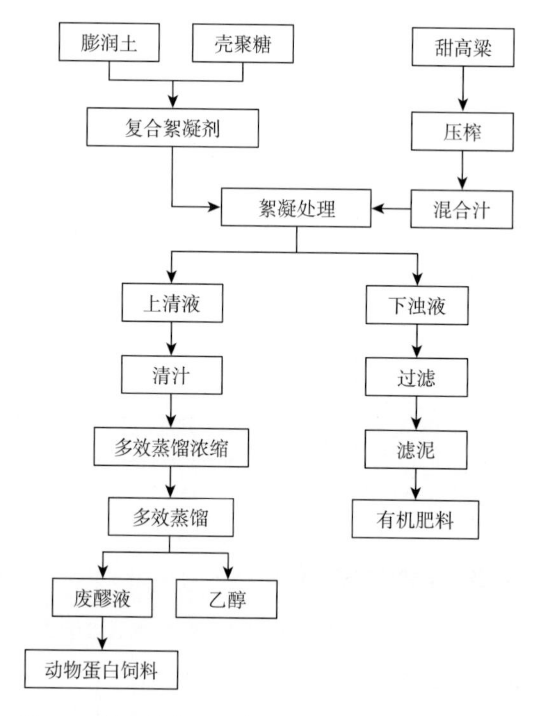

图 1-3 甜高粱茎汁液态发酵乙醇生产工艺流程图

1.4.2 甘蔗原料的燃料乙醇生产工艺

与其他淀粉质、糖质原料的燃料乙醇生产工艺类似，甘蔗高浓度发酵技术是生产燃料乙醇发酵工艺的重大技术之一，提高了发酵强度，在发酵罐体积不变的条件下，提高蔗汁发酵醪酒精浓度，并大幅度降低能耗和水耗。而由于我国甘蔗产地多为热带或亚热带地区，环境平均温度较高，普通酵母菌发酵受到温度影响，导致发酵生产乙醇的效率降低。因此酵母菌种改造和发酵工艺优化是传统甘蔗原料发酵生产燃料乙醇工艺的主要内容。

1)酵母菌种改良方法

酵母菌改良方法大致可分为传统诱变筛选法、细胞融合、基因工程改造等。传统诱变筛选法是通过传统诱变技术处理酵母的原始菌株，对诱变后的菌株进行有目的的筛选，缺点是诱变

产生的效果往往不明显。细胞融合法是直接采用生产性能好的菌株为亲株，通过将两亲株原生质体融合来获得兼有两亲株特性的融合菌株，例如，日本三井造船株式会社用具有絮凝性的酿酒酵母TJ1与耐高温和耐乙醇性强的另一亲株酿酒酵母N1进行细胞融合，获得的融合菌株AM12不但具有耐高温、耐乙醇性，而且具有絮凝性[90]。基因工程改造法是利用DNA重组技术，通过操纵酵母细胞内的酶，转运及调控功能，对细胞内特定生化反应进行修饰，定向改变产品的生成或细胞性能，以提高酵母细胞发酵乙醇的产率。

2)甘蔗生产燃料乙醇的发酵技术

目前，甘蔗生产燃料乙醇比较成熟的发酵技术有酵母细胞再循环发酵法、抽提与发酵并行法和减少乙醇抑制发酵法等。酵母细胞再循环法是利用高絮凝性酵母在短时间发酵后酵母沉降于发酵罐底部，采用高速离心机分离回收酵母，返回发酵罐循环使用。抽提与发酵并行法是在生产时一边通过水抽提甘蔗片段中的糖分，一边使酵母发酵产生糖分，省去压榨甘蔗获取蔗汁的工序。减少乙醇抑制发酵法是在乙醇发酵过程中随着酒精的生成不断将酒精及时从发酵醪中分离出来，达到去除反应产物阻碍抑制，以提高酒精转化率。

3)甘蔗汁分解生产燃料乙醇工艺

甘蔗茎汁发酵燃料乙醇是以酒精清洁生产为出发点，排除甘蔗混合汁中影响正常发酵的非糖分胶体物质及无机固体悬浮物，防止其经高温蒸馏形成难降解的化合物，以利于酵母回收循环使用时正常发酵。其工艺流程见图1-4[90]。

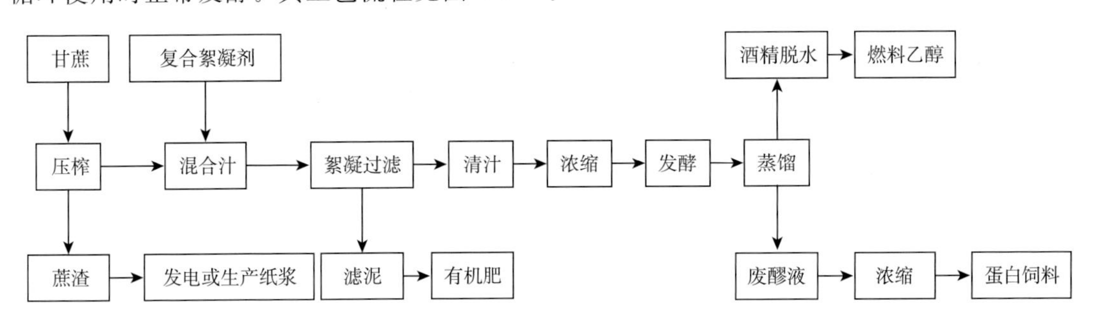

图1-4 甘蔗汁分解生产燃料乙醇工艺

1.4.3 木薯原料的燃料乙醇生产工艺

木薯发酵生产燃料乙醇的工艺流程主要包括粉碎、蒸煮、调浆、糖化/发酵、蒸馏等步骤[91]。按照木薯原料预处理方式和品质的不同，又可以将木薯发酵生产燃料乙醇的工艺划分为传统熟料木薯发酵生产乙醇工艺、生料木薯发酵生产乙醇工艺、膨化木薯发酵生产乙醇工艺和碳化木薯发酵生产乙醇工艺等。以生料木薯为例，发酵生产乙醇的工艺流程见图1-5[91]。

1)粉碎

木薯原料参与发酵前通常需要进行粉碎，目前国内有一部分产量较小的乙醇厂，采用间歇蒸煮，原料不经过粉碎便直接将块状或颗粒状原料投入生产，但大部分中等规模以上的乙醇厂，原料多经过二次粉碎后再投入生产。

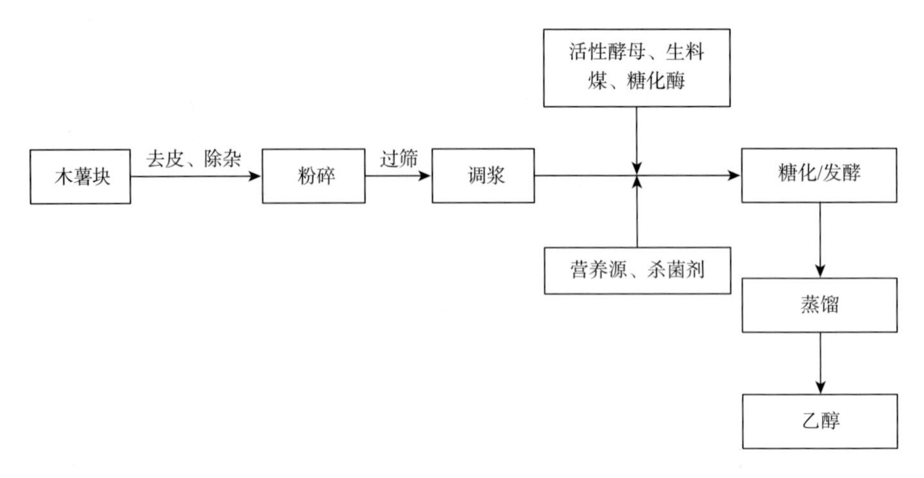

图 1-5 木薯生料发酵乙醇工艺流程

2)蒸煮

蒸煮是传统熟料木薯发酵生产乙醇的预处理方式,即通过高温高压引起木薯原料细胞组织的破裂,使存在于细胞中的淀粉转化为可发酵糖[92]。生料发酵则不需要高温蒸煮,不仅大幅度降低蒸汽和水的消耗,减少因蒸煮造成的可发酵糖糖分的损失,而且还可以进一步简化工艺,减少设备的使用,使工作强度大幅下降,降低生产成本。此外,生料发酵还可以避免料浆黏稠问题,发酵醪中的糖浓度保持在低水平,适合酵母的生长,发酵副产物生成量少,淀粉出酒率高,更适合于浓醪发酵[93]。利用微波组合微生物预处理木薯也是一种免蒸煮的乙醇生产预处理方式。研究表明,微波组合微生物预处理木薯粉淀粉结构发生很大变化,呈现出碎化的糊化态,且发酵效果好于传统工艺水平,在能耗方面,该方法比传统蒸煮液化法节省能耗 42.81%以上[94]。

3)调浆

调浆是指木薯块去皮、除杂、粉碎、过筛后,按照比例加水调成一定浓度的粉浆,然后分装至发酵罐中,调节粉浆合适 pH,添加杀菌剂、生料淀粉酶、糖化酶、营养源、酵母等,为糖化/发酵的准备工作。

4)糖化/发酵

乙醇发酵是在无氧条件下,微生物(如酵母菌)分解葡萄糖等有机物,产生酒精、二氧化碳等不彻底氧化产物,同时释放少量能量的过程。调浆完成后,将发酵罐控制到合适温度,通风搅拌进行菌种扩培阶段,菌种培养好后,停止通气进行厌氧发酵,直至发酵结束。淀粉类原料的酒精发酵主要先糖化后发酵(separate hydrolysis and fermentation,SHF)模式和同步糖化发酵(simultaneous saccharification and fermentation,SSF)模式。传统的 SHF 模式在发酵阶段初期,高浓度葡萄糖会对酵母菌产生葡萄糖抑制作用,从而造成发酵周期增长。SSF 模式下糖化和发酵同步进行,糖化产出的单糖及时被酵母菌利用,既能解决分步糖化发酵中发酵初期由于葡萄糖浓度过高造成的葡萄糖抑制发酵作用,又会因为罐中酶解产生的糖分被及时利用导致没有多余的糖分从而避免了杂菌的污染。与 SHF 模式相比,SSF 模式可以显著减少发酵周期,有效防止杂菌污染,并且简化了操作工序,节约人力和能耗[95]。

5)蒸馏

加盐萃取精馏法自20世纪70年代在我国用于工业生产以来,已经成为我国燃料乙醇精馏工艺所采用的主要方法。对乙醇—水物系,加入盐类($CaCl_2$,KAc等)会使乙醇对水的相对挥发度大大提高,体系的恒沸点消失。采用乙二醇作萃取剂,同时在萃取剂中加入醋酸钾盐,一方面利用溶盐提高欲分离组分之间相对挥发度的突出性能,克服纯溶剂效能差、用量大的缺点;另一方面能使萃取剂容易循环和回收,便于在工业生产中实现。将工业乙醇生产的一级精馏系统与燃料乙醇生产的加盐萃取精馏系统合并,其工艺流程见图1-6[96,97]。

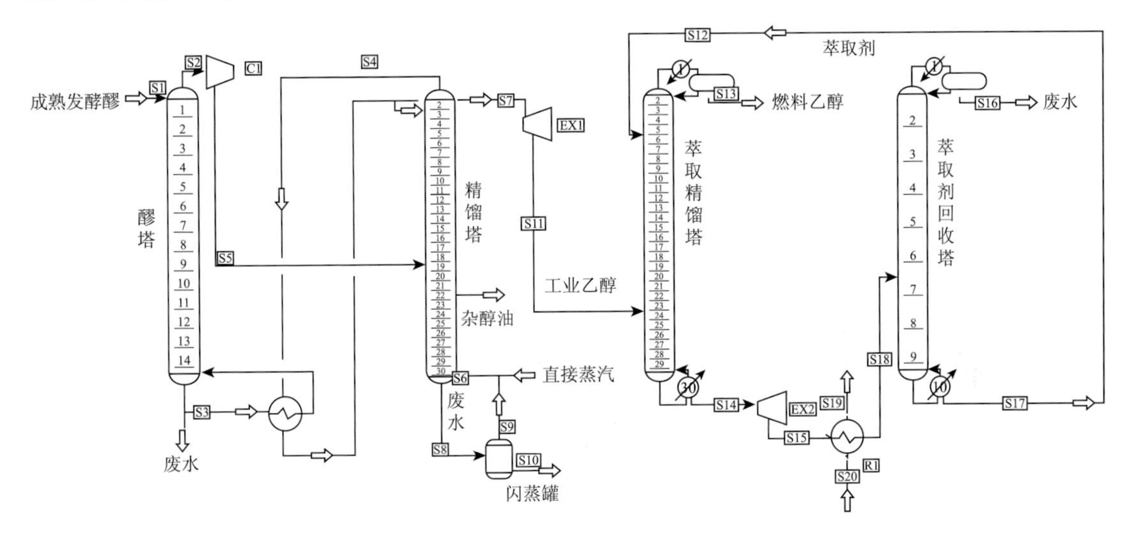

图1-6 燃料乙醇萃取精馏工艺流程图

1.4.4 柳枝稷原料的燃料乙醇生产工艺

柳枝稷生物质的主要成分为木质纤维素,包括纤维素、半纤维素和木质素3种,纤维素和半纤维素经过水解和发酵可转化为乙醇,而木质素不能被水解,且在纤维素周围形成保护层,影响纤维素水解[77]。同步糖化发酵是目前将木质纤维素生物质能转化为燃料乙醇的首选方法,这种方法能够有效地去除葡萄糖带来的对纤维素活性的抑制,提高能量的转化率及乙醇产量,且降低了浓缩乙醇的投入成本[98]。以柳枝稷为原料的燃料乙醇生产工艺的要点和难点主要集中在原料运输、储存和预处理方面。

1)原料运输和储存处理

为了便于运输和储存,可以对柳枝稷进行颗粒化或压块处理。颗粒化可以使柳枝稷水分含量低于15%,易于高效运输和安全储存,颗粒化后的柳枝稷水分含量低、密度大,通常直径为6~8 mm,长12~15 mm,通过垂式磨粉机筛孔的柳枝稷堆积密度会高于玉米秸秆和麦秆的堆积密度。压块是利用畜牧业的压块机对草物料进行操作,是一种廉价有效、能耗较低的方法,有利于长途运输和低成本安全储存。

2)柳枝稷原料预处理

从纤维素中提取乙醇需要对植物进行机械和化学预处理,用酶进行生化处理,将原料中的木质素进行分离，将聚合物分解成单糖颗粒，以便下一步将其转化为燃料乙醇及其他有用的化学物质。由于构成生物质的纤维素、半纤维素和木质素在酶水解过程中互相缠绕形成晶体结构，阻止酶接近纤维素表面降低生物质直接酶水解的效率，因此必须采用预处理的方式降低纤维素结晶度和聚合度。对柳枝稷原料的预处理主要有碾磨、高温分解、酶解和稀酸预处理等。

3）糖化/发酵

经过预处理，柳枝稷材料中的木质纤维素成分被降解和糖化，得到能够被发酵微生物利用的葡萄糖、木糖、甘露糖和半乳糖等。与淀粉质原料类似，通过调节合适的发酵罐温度、pH 值等，并引入合适的发酵菌种进行厌氧发酵，直至发酵结束[78]。

第2章　适于燃料乙醇生产的主要非粮作物资源潜力

2.1　我国典型非粮燃料乙醇原料作物

我国非粮作物燃料乙醇生产技术，以淀粉质的木薯最为成熟，其次是糖质类的甜高粱。纤维质类燃料乙醇还没有大规模的产业化，草本木质纤维素能源植物多为多年生植物，生物质产量高，生产成本低，抗逆性强，将成为生产二代燃料乙醇的主要原料。根据美国1984年至今的草本木质纤维素类能源植物的筛选工作，认为柳枝稷是最具潜力的能源植物。因此，本书中以淀粉质类原料木薯、糖质类原料甜高粱以及纤维质类柳枝稷为研究对象进行介绍。

2.1.1　甜高粱

甜高粱(sweet sorghum)，学名 *Sorghum bicolor* (L.) Moench 或 Andropbgon *sorghum* Brot. var. Saccharatus Alef. 或 *Sorghum saccharatum*。在我国又被称为糖高粱、芦粟、芦稷、芦黍、甜秫秸或甜秆，与帚高粱(*Sorghum dochna*)、宿根高粱(*Sorghum halapense*)以及苏丹草(*Sorghum sudanensis*)近缘。甜高粱与粒用栽培高粱是同时起源的，起源地是非洲大陆，因为栽培的和野生的变异类型最多的区域是非洲的东北部扇形地区[99,100]。约于公元4世纪传入我国，北起黑龙江，南至四川、贵州、云南各省(区、市)，西至新疆，东至江浙都有零星种植，其中在长江中下游地区的种植特别普遍。据不完全统计，我国19个省(区、市)共保存甜高粱品种资源384份，大多属于早熟或中早熟品种，主要性状表现见表2-1[31,101,102]。

表2-1　我国甜高粱主要性状表现

性状	最大值	最小值
株高(cm)	396.0(陕西)	177.0(黑龙江)
穗长(cm)	44.6(陕西)	13.0(湖北)
茎粗(cm)	2.5(湖北)	0.87(云南)
含糖量(Bx)	19.8(陕西)	5.65(内蒙古)
千粒重(g)	29.0(辽宁)	9.8(四川)
穗粒重(g)	111.0(云南)	8.5(湖北)
籽粒蛋白(%)	15.11(安徽)	7.16(辽宁)
籽粒赖氨酸(%)	3.53(内蒙古)	1.33(安徽)
单宁(%)	2.64(陕西)	0.05(山西)
生育期(d)	171.0(陕西)	95.0(河南)
分蘖性强	—	—
黑穗病(%)	91.9(云南)	0.0(安徽)

甜高粱有两个光合产物主储藏库，秆籽兼用，茎秆中含有葡萄糖、果糖、蔗糖等；穗部的籽粒又含有丰富的淀粉、蛋白质及脂肪等。甜高粱的光合速率高，生长速度快，产量也相当可观。此外，甜高粱对环境要求较低，具有耐旱、耐涝、耐盐碱及耐高温的特点，是能够在全国各地边际土地上种植的为数不多的非粮作物之一。因此，作为能源作物生产燃料乙醇具有巨大的发展空间和潜力。

甜高粱是具有较高生物产量的C4作物，能够生产3～6 t/hm^{2}的籽粒以及45～75 t/hm^{2}的鲜茎秆。茎秆中的糖是生产燃料乙醇的主要成分，种植试验表明，以甜高粱中的可溶性糖转化为乙醇产量最高可达6150 L/hm^2。甜高粱的榨汁率可达60%～70%，汁液含糖13°～20° Brix*，茎秆中含有43.6%～58.2%的可溶性糖类和22.6%～47.8%的不可溶性碳水化合物[103-105]。在我国华北地区早、中、晚熟不同品种的研究显示，籽粒成熟期，茎秆和叶子中可溶性糖总产量为4.1～10.5 t/hm^2(干基)，其中茎秆中的可溶性糖比例占到88.5%～95.5%。对不同熟期品种的甜高粱计算乙醇总产量，可达4867～13032 L/hm^2，合3.8～10.3 t/hm^2[106]。

2.1.2 木薯

木薯，学名*Manihot esculenta Crantz*，又被称为树薯或树番薯，为大戟科木薯属植物，是世界三大薯类作物之一，有"地下粮仓""淀粉之王"和"特用作物"之誉称[107]。木薯是热带和亚热带多年生、温带一年生亚灌木或小乔木，起源于热带美洲，在世界上热带、亚热带地区的100多个国家都有种植，总面积达1872万hm^2，鲜薯总产2.04亿t[108-110]。

大约在1820年前，木薯传到我国南方，主产区集中在广西、广东、海南、云南、福建五省(区)。目前，初步形成了琼西—粤西、桂南—桂东—粤中、桂西—滇南、粤东—闽西南等4个木薯种植优势区雏形[111]。据农业部发展南亚热带作物办公室统计，2005年我国木薯收获总面积为43.5万hm^2，鲜薯总产量730万t，总产值近30亿元，木薯已成为我国第六大热带作物[111]。

木薯一般是春种秋收，粗生易栽，病虫害较少，是高产薯类作物。国际上，根据木薯中氢氰酸的含量将木薯分为两类：苦味木薯(氢氰酸含量高于5 mg/100 g)和甜味木薯(氢氰酸含量低于5 mg/100 g)。新鲜木薯块根的主要化学成分是水，其次是碳水化合物，还有一些含量较少的蛋白质、脂肪、果胶。鲜木薯淀粉含量达到25%～30%(干木薯为70%左右)。对于谷物类和块根类作物来说，木薯是碳水化合物产量最高的作物[112]。按照能量计算，每100 g木薯含热能665.26 J，以2004年单产16.8 t/hm^{2}计算，木薯能够产生的热能为111.8 MJ/hm^2。

在化石能源供应日趋紧张的情况下，生物质能源的开发利用受到各国的普遍关注。木薯在我国"十一五"规划中成为能源发展战略重点发展的作物，其相关研究在国家的相关政策扶持下得到快速的发展，并取得重大进展[113]。木薯在我国作为非粮食作物，是生产燃料乙醇的一种很好的淀粉基原料。但是木薯生长具有明显的地域性，适宜在平均温度25～29℃、降水量1000～1500 mm的低纬度地区生长，导致我国木薯原料供应不足，限制了燃料乙醇生产，2000年我国进口木薯淀粉10.5万吨，木薯干片100多万吨。但由于木薯对土壤条件要求低、耐贫瘠的优势，可以充分利用边际土地资源种植，这也符合当前我国发展生物质能源"不与人争粮，不与粮争地"的能源政策。

2.1.3 柳枝稷

柳枝稷(*Panicum virgatum* L.)属禾本科黍亚科黍属，为多年生暖季型的根状茎C4类草

---

* 注：Brix，白利度，通常是指100 g蔗糖溶液中的蔗糖浓度。

本植物。起源于北美大陆的美国中部大平原，是北美高草平原(36°N～55°N)的优势物种[101]。柳枝稷的氮和水的利用率高，生长迅速，产量高，适应性强。地下茎和根非常发达，常超过 2 m，植株因品种和当地气候不同，株高 50～250 cm[114]。其种植成本低，生长迅速，植株可高达 2 m，最高产量可达 74 t/hm^2，高产期可持续 15 年，对环境适应性强。柳枝稷木质纤维素含量极高，其乙醇转化率可达到 50%以上[76]。在长期的进化过程中，形成了许多生态型和变种，主要的两大类型为低地生态型和高地生态型。低地生态型，主要分布于潮湿地带，诸如漫滩、涝原，植株高大，茎秆粗壮，成束生长，主要变种有 Alamo、Kanlow；高地生态型，主要分布在美国中部和北部地区，适应干旱环境，茎秆较细，分枝多，在半干旱环境中生长良好，主要变种有 Trailblazer、Blackwell、Cave-in-Rock、Pathfinder[115]。

为了治理黄土丘陵区过度放牧、草地退化以及水土流失等一系列问题，我国在 1992—1998 年的七年之间，引入了国内外优良禾本科牧草 362 份(50 个属，138 个种)材料。通过引种驯化试验研究，筛选出适应当地环境的良好草种 10 余种，其中表现最优的即为柳枝稷。据试验统计，引种美国的 11 份柳枝稷材料在我国黄土丘陵半干旱区中国科学院安塞水土保持综合试验区川地、山地生长良好，抗旱性、抗寒性较强。生长 2～4 年的柳枝稷的存苗率为 10～15 株/m^2，不同品种越冬率在 64%～92%[116]。徐炳成等也在该试验区对柳枝稷的生理生态特征等进行了大量的研究工作[117-119]，通过分析不同立地条件下柳枝稷地上生物量大小和季节累积差异及其水分利用特征发现，柳枝稷需水量少，产量高，2001—2002 年，川地柳枝稷草地地上生物量达 13000～16000 kg/hm^2，山地梯田和坡地为 2300～2650 kg/hm^2。柳枝稷能够改善多年粗放发展带来的环境问题，而且能够用于燃料乙醇生产，提高我国能源自给度。

柳枝稷的细胞壁成分主要是纤维素、半纤维素以及木质素，可被消化为糖类，并且经过发酵可以生成乙醇，被称为木素纤维作物。最近的研究显示，柳枝稷的乙醇转化率可达到 50%[120]。因此，柳枝稷作为纤维质资源的热门原料、重要的生物质资源，成为世界各国研究的热点。

2.2　适于原料作物种植的边际土地资源潜力评估

对于我国适宜生物能源作物发展的土地资源潜力，Jiang 等[121]，Zhuang 等[122]已经做过相关研究。本书重点关注非粮燃料乙醇的三类原料作物(糖质原料甜高粱、淀粉质原料木薯和纤维素质原料柳枝稷)适宜发展的边际土地资源。农业部科技司在生物质液体燃料专用能源作物边际土地资源调查评估方案中将能源作物边际土地定义为可用于种植能源作物的冬闲田和宜能荒地[22]。宜能荒地是指以发展生物液体燃料为目的，适宜于开垦种植能源作物的天然草地、疏林地、灌木林地和未利用地。本书中的“土地资源”均特指适宜于非粮燃料乙醇发展的宜能荒地——宜能边际土地资源。

本章在现有研究的基础上，结合作物的生长习性特征，采用多因子综合评价法和经济社会因素限制法，重点获取我国适宜种植非粮燃料乙醇原料的土地资源的数量及空间分布，并对其适宜性进行初步分析。具体技术方案如下。

1)界定的基本原则

以我国 2010 年土地利用数据为基础，根据我国政府 2007 年出台的“避免生物燃料发展‘与人争粮’和‘与粮争地’”的原则，首先扣除土地利用类型数据中的耕地。

2)生态保护约束

为保护生态环境,防止生态系统破坏,将有林地、列入天然林保护区、自然保护区、野生动植物保护区、水源林保护区、水土保持区、防护林区、海岸与近海、湿地与鸟类生活区、地质景观区、名胜古迹区、水源地、防洪区等保护区的疏林地、灌木林地以及滩地扣除。

3)牧业发展约束

考虑到我国发展畜牧业的需求,将我国的五大牧场(青海、新疆、内蒙古、西藏、宁夏)所在省(区)的高、中覆盖度草地全部扣除。

4)能源作物规模化发展约束

(1)结合适宜能源作物发展的土地资源自身的特点,将沼泽地、水体、建设用地等土地利用类型扣除,适宜于开垦种植能源作物的土地利用类型包括灌木林地、疏林地、草地、滩涂与滩地、盐碱地、裸土地 6 种类型。

(2)基于相关文献及专家咨询结果,建立甜高粱、木薯和柳枝稷适宜生长的自然条件指标体系,设定甜高粱、木薯及柳枝稷对土壤、温度、水分、坡度等条件的要求下限,基于地理信息系统(GIS)的空间分析功能,对适宜生物能源作物发展的土地资源进行多因素综合评价,提取出适宜种植甜高粱、木薯及柳枝稷的土地资源。

(3)考虑发展生物能源作物的原料能力密度和运输成本等问题,对评价结果进行集中连片分析,计算得出具备规模化开发潜力的适宜生物能源作物发展的土地资源数量。

在确定了土地资源界定原则与适宜性评价方法之后,本章以下内容将首先介绍在全国尺度上进行宜能边际土地资源评价的数据获取与预处理。然后,分别详细阐述甜高粱、木薯和柳枝稷三种作物发展的土地资源数量、空间分布和适宜性。

2.2.1 数据获取与预处理

根据我国燃料乙醇发展现状,本书以淀粉质类原料木薯、糖质类原料甜高粱以及纤维质类柳枝稷为研究对象展开研究。通过查阅文献、咨询相关专家,并结合研究区的种植经验,根据其生境特征综合形成针对各能源植物的宜能土地资源界定标准。

根据宜能边际土地资源评价指标体系,所需要的基础数据包括基础地理数据、自然背景数据、各种统计描述数据以及社会经济数据等(表 2-2),利用多因子综合分析法,获得木薯、甜高粱以及柳枝稷适宜种植的土地资源空间分布。

表 2-2 宜能边际土地资源研究所需基础数据

数据类别		分项描述	分辨率
土地利用数据		灌木林地、草地、疏林地、滩涂与滩地、盐碱地、裸土地	1 km
基础地理数据	DEM 数据	高程、坡度、坡向等	1 km
	土壤数据	土壤类型、土层厚度、土壤质地、有机质含量、pH 值等	1 km
自然背景数据	温度数据	多年平均的年均温、月平均、极端最低温、极端最高温、≥10℃的积温	1 km
	水分条件数据	年降水量、主要生长季降水量、Thornthwaite 指数等	1 km
各种文献、统计、调研资料	作物生长特征	能源植物对温度、水分、土壤的适宜性	—
	国家相关政策	退耕还林还草、能源林建设规划、温室气体减排计划等	—

1）土地利用数据

本书采用的土地利用数据来自中国科学院资源环境科学数据中心，该数据集以 Landsat TM、国产 HJ-1 等数据为基础，采用计算机自动分类与人机交互相结合的技术方法获得。该数据集包括了 6 个一级地类和 25 个二级地类，本书采用了 2010 年该数据集的最新版本，以保证研究结果的准确性，2010 年我国土地利用类型（只选择灌丛、草地裸土等可能被用于宜能边际土地的类型）分布如图 2-1 所示。

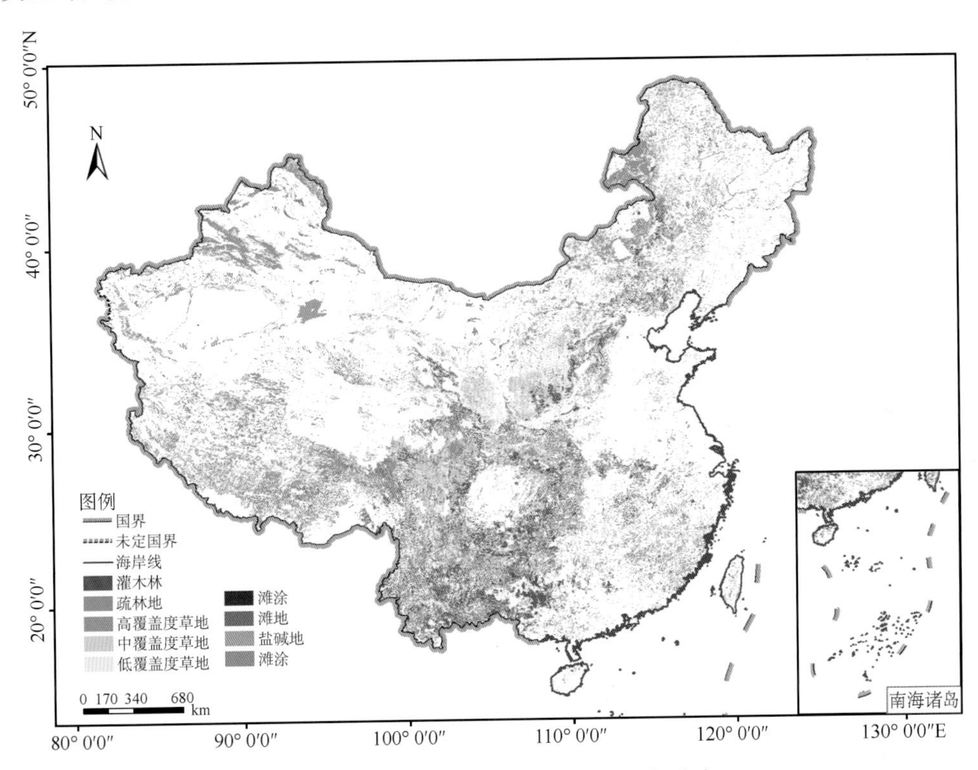

图 2-1　2010 年我国土地利用类型空间分布

2）地形数据

CGIAR-CSI GeoPortal 能够提供全球 SRTM90m 数字高程模型数据。SRTM 数字高程数据最早由美国国家航空航天局（NASA）生产，是世界数字地图方向的一个重要突破，为大部分的热带雨林和世界其他发展中地区在获取高质量的高程数据方面提供了重要的支持。该数据集在地理空间科学和应用中具有重要的作用，促进了发展中世界的可持续发展和资源节约利用[123]。本书研究中的 DEM 数据从该数据集获取，通过空间分析功能从 DEM 数据计算出坡度数据集（图 2-2），并结合各能源植物的生长特征确定 DEM 和坡度的适宜阈值。

3）气象数据

本书采用的气象数据包括温度数据和水分条件数据，均来源于中国科学院资源环境科学数据中心 1 km 格网系列数据集，由气象站点观测值经空间插值而成。其中温度数据包括对作物生长影响较大的多年平均的月均温和年均温数据、极端最低温、≥0℃积温、≥10℃积温等；水分条件数据主要包括全国年平均降水分布数据、多年平均干燥度和多年平均湿润指数数据，见图 2-3～图 2-5。

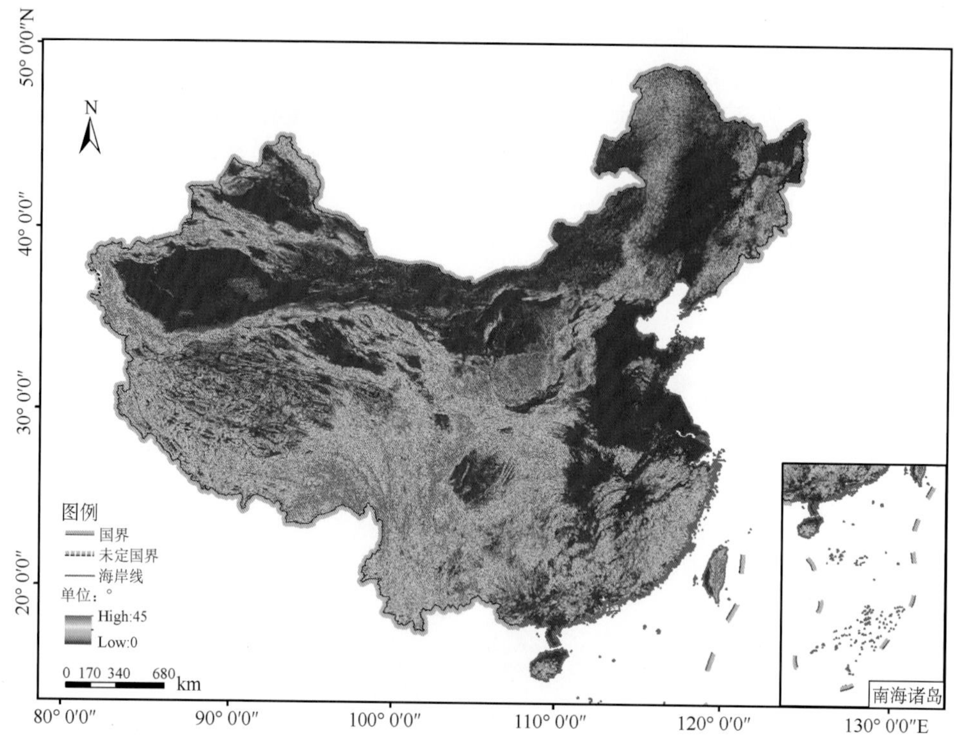

图 2-2　我国坡度分布图

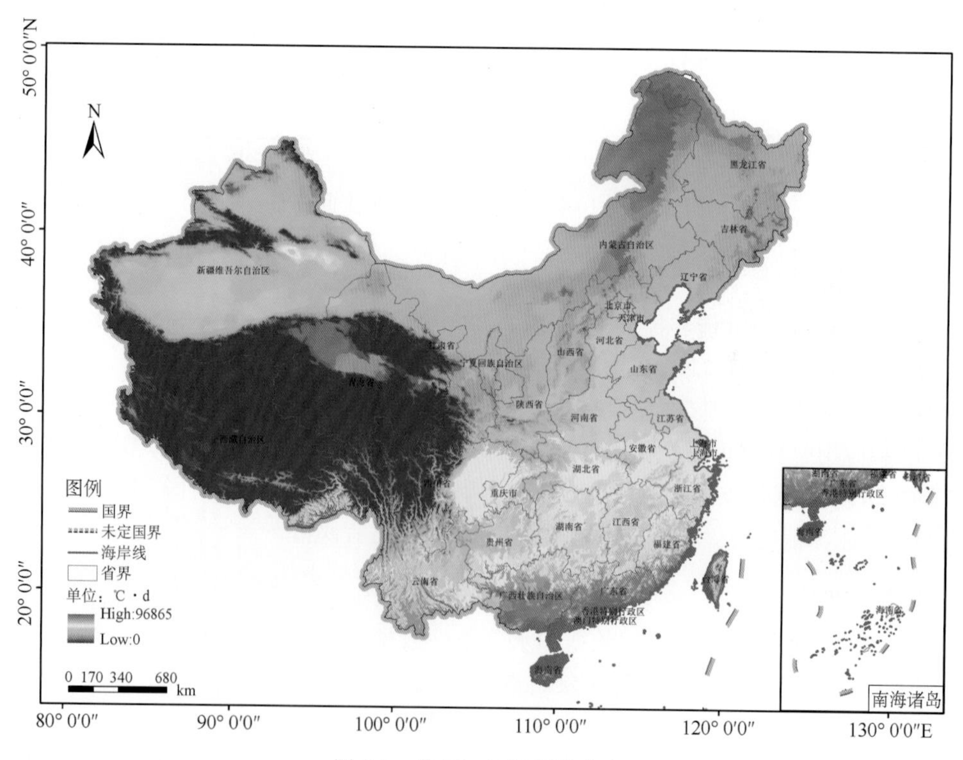

图 2-3　我国≥10℃积温分布

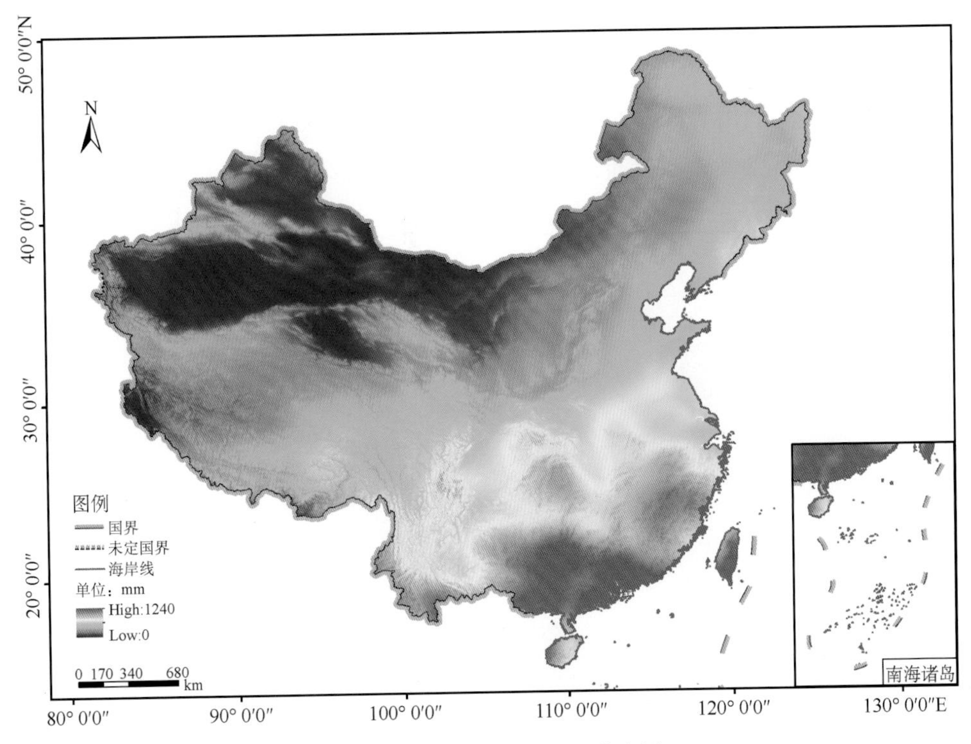

图 2-4 我国年平均降水量分布图

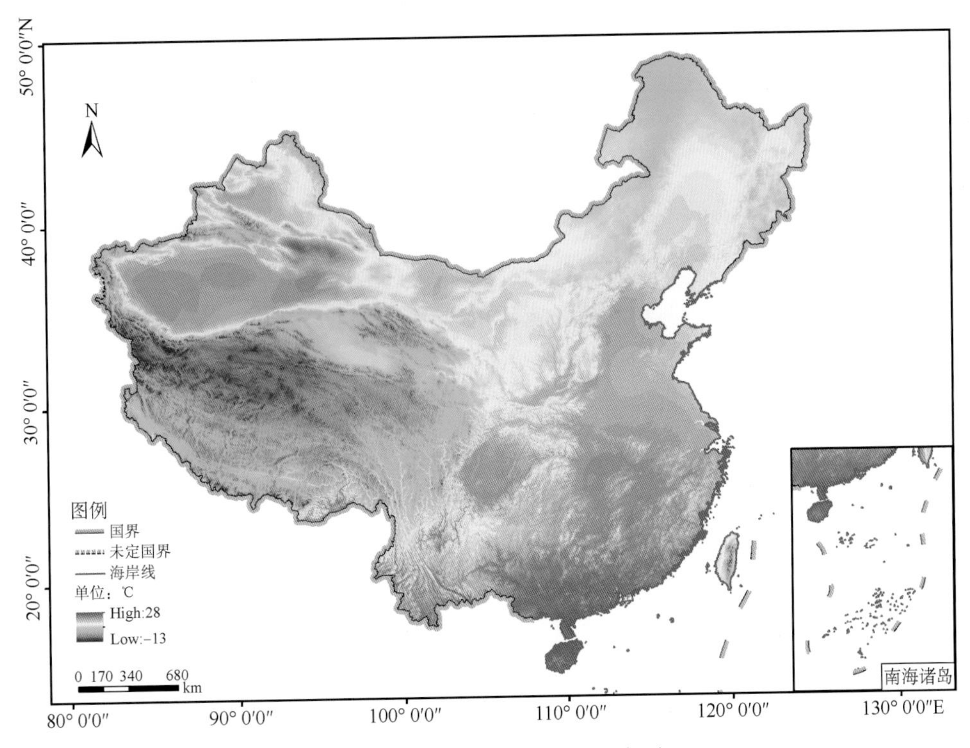

图 2-5 我国多年平均温度分布图

4)土壤数据

根据第二次全国土壤普查(1979—1994 年)的资料《中国土壤》和《中国土种志》记录的1627 个土种典型剖面,利用 GIS 软件对土壤剖面进行空间化,利用克里格插值算法,生成土层厚度、土壤有机质含量、土壤 pH 分布等空间信息(图 2-6、图 2-7)。

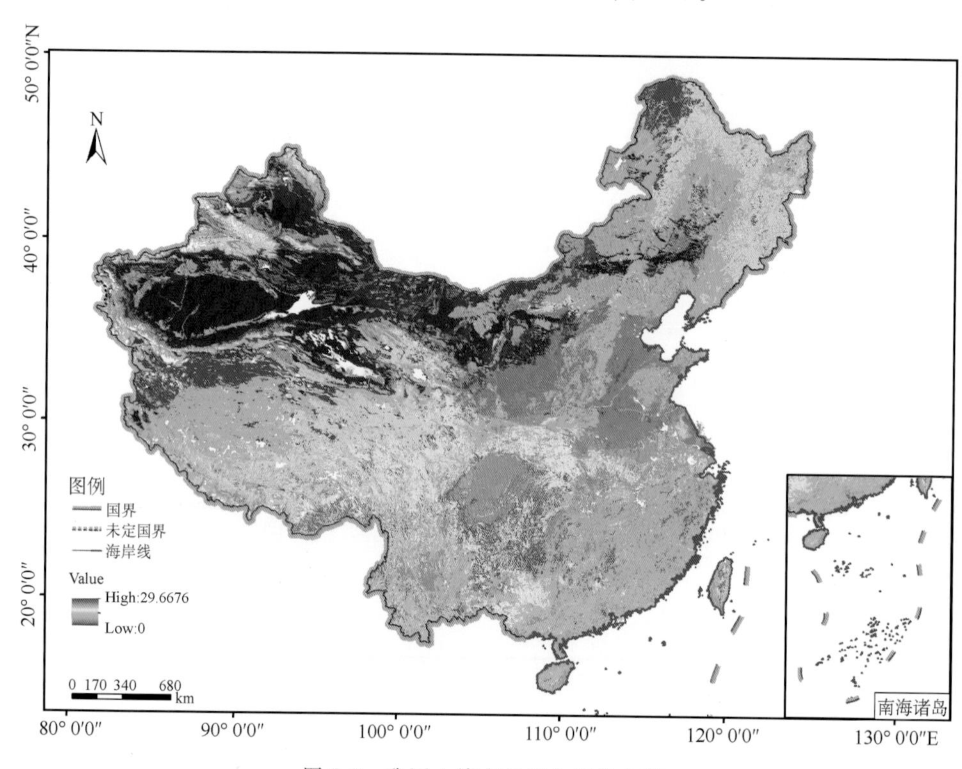

图 2-6 我国土壤有机质含量分布图

5)社会经济、法规数据

国家相关政策、法规及社会经济等因素都会对适宜能源植物发展的土地资源开发利用产生重要影响。本书除了考虑能源植物生长需要的自然条件外,还综合考虑了国家自然保护区、天然林保护工程、退耕还林工程及其他环保政策,对影响适宜生物能源作物发展的土地资源总量的社会经济条件进行综合分析。

2.2.2 我国适于甜高粱种植的土地资源规模与分布

1)甜高粱生长特征分析

甜高粱起源于干旱、炎热、贫瘠的非洲大陆。非洲的恶劣生境条件使得甜高粱具有很强的抗逆能力,具有抗旱、耐涝、耐盐碱、耐贫瘠、耐高温以及耐干热风等特性。因此,在我国大部分地区都有零星种植,种植品种多为早熟或中早熟类型。根据前人的研究[124-127],甜高粱的生长条件见表 2-3。

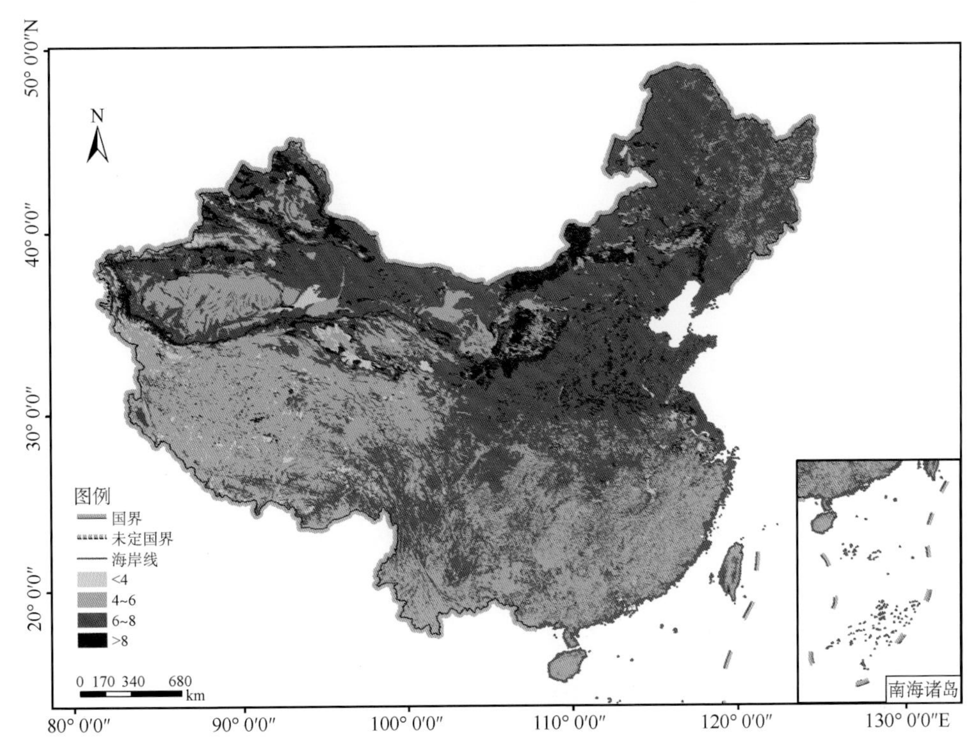

图 2-7　我国土壤 pH 值分布

表 2-3　甜高粱生长条件

指标名称		适宜条件
坡度条件		<25°
土壤有机质含量(%)		>1.5
土壤类型		壤土或沙壤土
pH		5.0~8.5
温度(℃)	生育期	≥12.8
	出苗至拔节期	20~25
	拔节至抽穗期	25~30
	开花至成熟期	25~28
≥10℃积温(℃·d)	极早熟品种	≥1500
	早中熟品种	≥1800
	晚熟品种	≥2000
	极晚熟品种	2300~2500
水分条件(mm)	年均降水量	400
	出苗后至 50%开花期	290~360
	50%开花期至生理成熟期	100~150

2)甜高粱土地资源规模与分布

参照技术方案中所述步骤,以我国土地利用类型及基础地理、土壤、气象等条件数据为基础,以甜高粱的生长条件为约束,提取了我国适宜种植甜高粱的土地资源分布。综合考虑经济社会及环境因素，得到具备规模化开发潜力的适宜能源作物发展的土地资源量，具体结果见图2-8、表2-4。

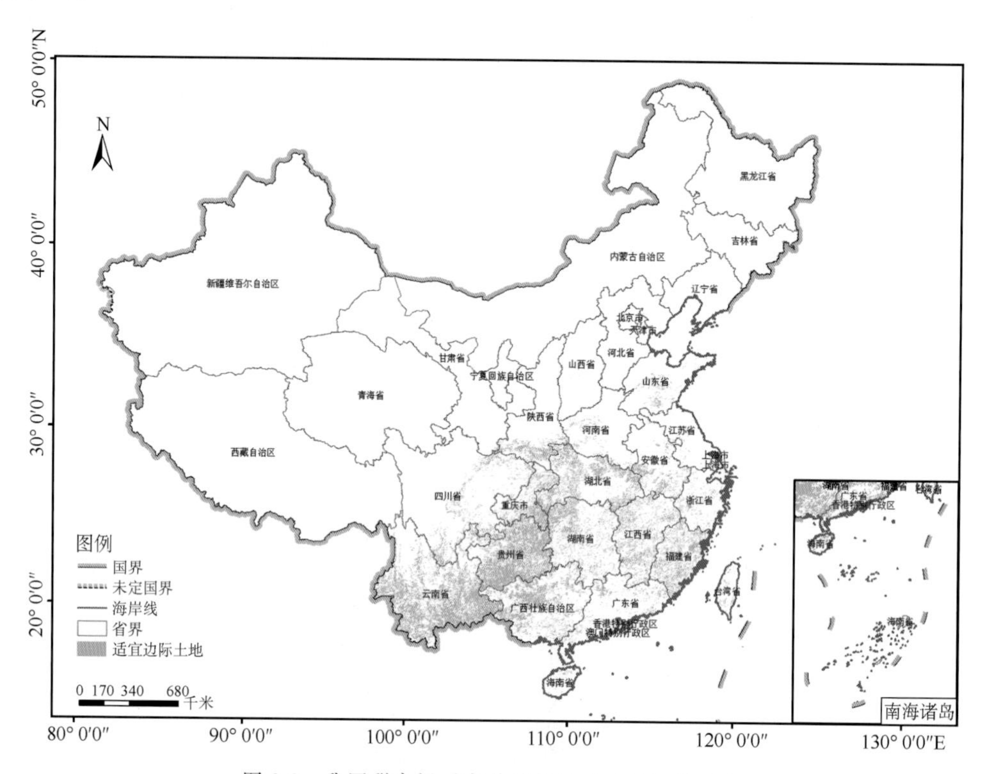

图2-8 我国甜高粱适宜种植的边际土地资源分布

表2-4 我国甜高粱多因子土地资源适宜性评价结果

单位：万 hm^2

省份	灌木林地	疏林地	高覆盖度草地	中覆盖度草地	低覆盖度草地	滩涂与滩地	盐碱地	裸土地
北京	14.93	4.06	7.98	0.65	0.18	0.07	0	0
河北	81.88	15.68	103.48	49.34	8.49	3.98	0.03	0
山西	42.76	16.45	35.59	28.77	52.68	0.15	0.08	0
内蒙古	16.76	3.73	127.39	0.23	0.15	7.1	40.72	12.21
辽宁	36.69	33.81	5.68	22.78	1.43	9.39	0.07	0.02
吉林	4.92	1.93	12.68	15.03	2.17	5.43	51.35	0.06
黑龙江	3.43	0.19	54.33	39.17	2.06	24.06	30.34	0.03
江苏	2.37	1.93	1.15	0.06	0.01	2.94	0	0
浙江	4.98	11.19	1.88	0.46	0.28	0.19	0	0
安徽	52.39	1.25	49.76	0.03	0	2.47	0	0.04
福建	14.48	34.96	20.53	19.27	4.94	0.11	0	0.02
江西	13.62	30.79	6.66	4.3	0.09	1.77	0	0
山东	5.35	6.31	13.56	16.1	5.31	0.51	0.61	0
河南	12.61	5.9	26.89	4.73	0.67	0.98	0	0
湖北	175.81	228.14	28.15	21.08	0.61	1.54	0	0
湖南	29.98	114.38	22.05	4.71	0.13	0.68	0	0

续表

省份	灌木林地	疏林地	高覆盖度草地	中覆盖度草地	低覆盖度草地	滩涂与滩地	盐碱地	裸土地
广东	22.37	19.82	13.95	1.41	0.04	0.44	0	0
广西	256.31	62.22	55.53	5.03	0.09	0.36	0	0
重庆	77.82	36.56	7.56	37.36	1.01	0.04	0	0
四川	121.41	79.57	57.5	66.73	3.94	0.7	0	0.14
贵州	263.84	118.75	9.6	131.65	11.69	0	0	0
云南	340.68	179.62	239.1	121.3	4.21	0.43	0	0.1
西藏	2.83	0.57	9.42	0.29	0.03	0.13	0	0
陕西	73.71	76.56	159.05	199.74	18.92	0.84	0.33	0.02
甘肃	14.55	16.55	27.77	83.72	30.79	0.58	20.63	1.49
宁夏	0.41	0.11	0.9	0.02	0.15	0.06	0.21	0.22
新疆	10.12	19.18	61.69	0	0	4.51	63.96	25.24
全国	1704.71	1125.91	1162.68	874.23	150.24	70.59	208.33	39.65

对我国适宜于种植甜高粱的土地资源规模与分布进行统计，得到以下结论：

(1)在我国，适宜发展甜高粱的土地资源相对较为丰富，在全国大多数省份都可以种植。总体上看，我国适宜发展甜高粱的边际土地资源数量达到 5336.34 万公顷。其中，适宜的土地资源类型以灌木林地、疏林地、草地和盐碱地为主。

(2)甜高粱是适合我国规模化发展的能源植物之一，全国有 16 个省份适宜种植甜高粱的边际土地资源面积达到了 100 万公顷以上。其中，适宜的边际土地资源最为集中的地区为云南、贵州和陕西三省，占到全国甜高粱适宜边际土地资源总面积的三分之一以上。

2.2.3 我国适于木薯种植的土地资源规模与分布

1)木薯生长特征分析

木薯具有抗逆性强，耐旱耐瘠薄，适应性强，在边际性土地种植的产出投入比高于甘蔗、玉米等作物等优点，是生产燃料乙醇的一种很好的淀粉基原料。在我国能源规划中列为优先发展的能源作物之一。木薯生长具有明显的地域性，适宜在平均温度 25～29℃、降水量 1000～1500 mm 的低纬度地区生长，主要分布于我国西南各省(区、市)，其中广西的木薯产量占全国 70%以上。综合前人的研究结果[101,111,128-131]，总结木薯的具体生长条件见表 2-5。

表 2-5 木薯生长条件

生长条件		适宜条件
温度条件	年均气温(℃)	≥18
水分条件	降水(mm)	600～6000
坡度条件	坡度(°)	≤25
高程条件	海拔高度(m)	≤2000
	土层厚度(cm)	≥30
土壤条件	土壤有机质含量(%)	≥1.5
	土壤质地	≥10

2)木薯土地资源规模与分布

参照技术方案中所述步骤，以我国土地利用类型及基础地理、土壤、气象等条件数据为基础，以木薯的生长条件为约束，提取了我国适宜种植木薯的土地资源分布。综合考虑经济社会及环境因素，得到具备规模化开发潜力的适宜能源作物发展的土地资源量。具体结果见图 2-9、表 2-6。

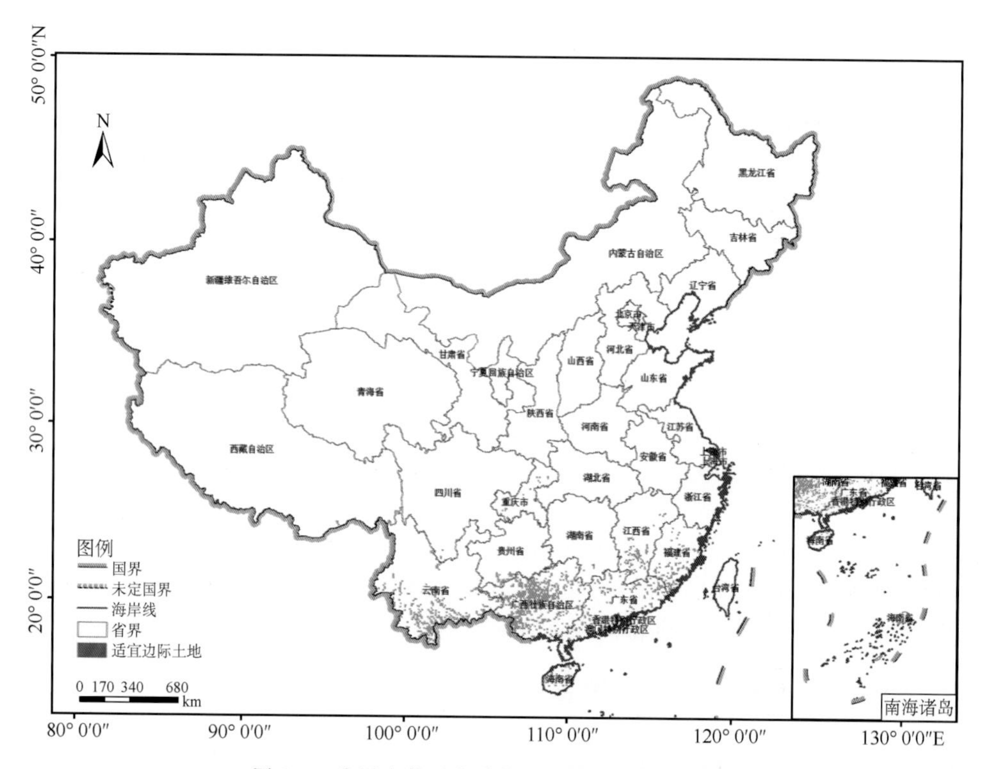

图 2-9　我国木薯适宜种植的边际土地资源分布

表 2-6　我国木薯多因子土地资源适宜性评价结果　　单位：万 hm²

省份	灌木林地	疏林地	高覆盖度草地	中覆盖度草地	低覆盖度草地	滩涂与滩地	盐碱地	裸土地
福建	16.21	31.05	20.45	12.26	3.68	0.56	0	0.21
江西	6.48	40.68	9.6	3.24	0.08	0.23	0	0.03
湖南	0.29	3.39	0.48	0.06	0	0.01	0	0
广东	41.69	72.54	32.4	5.27	0.04	1.72	0.03	0.22
广西	289.71	198.13	85.44	14.1	0.65	0.95	0	0.03
海南	16.08	4.2	3.3	1.04	0.18	0.21	0	0
重庆	1.14	2.34	0.34	1.95	0.03	0	0	0
四川	0.42	1.21	0.94	4.46	0.15	0.04	0	0
贵州	11.8	12.99	0.2	11.56	0.94	0	0	0
云南	151.76	55.21	95.85	28.81	1.61	0.38	0	0.06
西藏	1.55	2.67	0	0	0	0.2	0	0
全国	537.18	425.11	249.53	82.77	7.36	4.3	0.03	0.55

对我国适宜于种植木薯的土地资源规模与分布进行统计，得到以下结论：

(1)由于木薯对环境的要求比较高，特别是对温度的要求，年均温至少要达到18℃以上，因此，我国适宜木薯种植的边际土地资源基本上都分布在西南地区。具体来看，我国适宜木薯种植的边际土地资源约为1306.83万hm^2，其中，适宜的土地资源类型以灌木林地、疏林地和高覆盖度草地三种类型为主。

(2)由于木薯生长受温度影响较大，而广西壮族自治区的年均温较高，因此，全国约50%的宜能边际土地资源都集中在这里。其次是广东省和云南省。

2.2.4 我国适于柳枝稷种植的土地资源规模与分布

1)柳枝稷生长特征分析

柳枝稷属禾本科黍亚科黍属，为多年生暖季型的根状茎C4类草本植物。氮和水的利用率高，生长迅速，产量高，适应性强。柳枝稷适宜的年降水量为800 mm左右，种子萌发的起点温度一般为5.5～12℃，而最适宜温度为20～30℃[132]。不同品种的年积温存在较大差异，出叶≥10℃年积温在79～152℃·d，孕穗期需要634～1777℃·d[133]。柳枝稷对土壤条件要求不高，但壤土或沙土要好于黏土。pH值在4.4～9.1的范围内均有柳枝稷品种可以生长。

2)柳枝稷土地资源规模与分布

参照技术方案中所述步骤，以我国土地利用类型及基础地理、土壤、气象等条件数据为基础，以柳枝稷的生长条件为约束，提取了我国适宜种植柳枝稷的土地资源分布。综合考虑经济社会及环境因素，得到具备规模化开发潜力的适宜能源作物发展的土地资源量。具体结果见图2-10、表2-7。

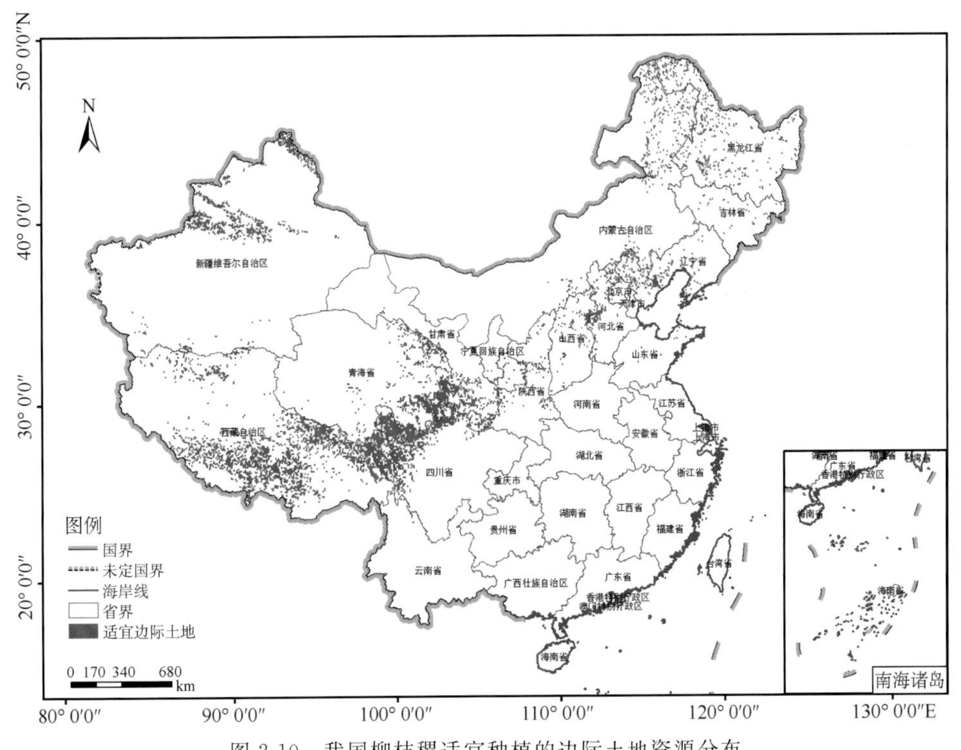

图2-10 我国柳枝稷适宜种植的边际土地资源分布

表 2-7 我国柳枝稷多因子土地资源适宜性评价结果 单位:万 hm^2

省份	灌木林地	疏林地	高覆盖度草地	中覆盖度草地	低覆盖度草地	滩地	裸土地
河北	14.67	1.06	14.38	3.28	0.37	0.10	0
山西	3.61	0.52	6.41	1.02	1.37	0	0
辽宁	3.88	5.73	0.57	0.91	0.03	4.81	0
吉林	7.26	2.45	4.27	0.23	0	0.99	0
黑龙江	7.79	0.54	9.47	0.49	0	5.44	0
江苏	0.65	1.30	1.13	0.05	0.01	2.44	0
浙江	3.19	6.81	1.78	0.28	0.10	0.14	0
安徽	41.66	0.99	40.86	0	0	0.60	0
福建	15.02	30.96	17.35	17.09	4.79	0.02	0.10
江西	15.75	47.57	13.25	6.44	0.28	0.31	0.04
山东	1.28	1.55	3.02	5.41	2.17	0.03	0
河南	6.52	2.00	8.51	1.77	0.48	0.23	0
湖北	165.24	198.31	28.19	20.61	0.78	0.53	0
湖南	36.45	104.83	24.95	5.84	0.35	0.21	0.02
广东	20.56	11.88	10.43	0.99	0.01	0.09	0
广西	243.12	49.11	50.28	5.49	0.06	0.18	0
重庆	111.71	49.20	10.08	46.32	1.82	0	0
四川	400.01	132.13	345.04	768.58	108.63	0.57	0.25
贵州	297.98	127.04	11.72	142.28	12.06	0	0
云南	431.10	258.77	294.93	170.05	18.31	0.42	0.01
西藏	58.76	4.64	131.15	0	0	0.55	0
陕西	45.92	75.42	138.73	153.31	5.10	0.06	0
甘肃	16.06	8.38	57.30	64.85	9.80	0.38	0.03
青海	10.27	0.08	15.86	0.02	0.02	0.04	0.07
全国	1966.93	1126.81	1244.91	1415.74	166.67	18.27	0.56

对我国适宜于种植柳枝稷的土地资源规模与分布进行统计,得到以下结论:

(1)柳枝稷作为草本植物,具有很强的生命力,在我国,适宜柳枝稷的土地资源总量高于甜高粱和木薯。总体上看,我国适宜发展柳枝稷的边际土地资源数量达到 5939.89 万 hm^2。其中,适宜的土地资源类型以灌木林地、疏林地和草地为主。

(2)表 2-7 中,适宜种植柳枝稷的边际土地资源面积达到 100 万公顷的省份有 10 个,其中,适宜的边际土地资源最为集中的地区为四川及云南两省,约占到全国柳枝稷适宜边际土地资源总面积的 50%。

2.2.5 小结

本节对我国适宜非粮燃料乙醇发展的土地资源潜力进行了评价。研究基于“不与人争粮,不与粮争地”的原则,首先提取了适于开垦种植能源作物的六种土地利用类型,包括灌木林地、疏林地、草地、滩涂与滩地、盐碱地、裸土地。为了保护生态环境,在评价结果中,对各类自然保护区、我国五大牧场等予以扣除。

根据燃料乙醇目前的生产工艺，燃料乙醇的生产原料主要分为三类：淀粉质类原料、糖质类原料和纤维质类原料。基于相关文献及专家咨询结果，并结合研究区的种植经验，选择淀粉质类原料木薯、糖质类原料甜高粱以及纤维质类柳枝稷作为研究对象，建立木薯、甜高粱和柳枝稷适宜生长的自然条件指标体系，对适宜生物能源作物发展的土地资源进行多因素综合评价，提取出适宜种植甜高粱、木薯以及柳枝稷的边际土地资源。

甜高粱起源于干旱、炎热、贫瘠的非洲大陆。具有抗旱、耐涝、耐盐碱、耐贫瘠、耐高温以及耐干热风等特性。在我国，适宜发展甜高粱的土地资源相对较为丰富，在全国大多数省份都可以种植，边际土地资源数量达到5336.34万hm^2。其中，适宜的土地资源类型以灌木林地、疏林地、草地和盐碱地为主。适宜甜高粱种植的边际土地资源最为集中的地区为云南、贵州和陕西三省，占到全国甜高粱适宜边际土地资源总面积的三分之一以上。

木薯是一种抗逆性强、耐旱耐瘠薄，且适应性强的作物，在边际性土地种植的产出投入比高于甘蔗、玉米等作物，是生产燃料乙醇的一种很好的淀粉基原料。木薯对环境的要求相对较高，特别是对温度的要求，年均温至少要达到18℃以上，因此，我国适宜木薯种植的边际土地资源基本上都分布在西南地区。我国适宜木薯种植的边际土地资源约为1306.83万hm^2，约有50%的土地资源集中在广西壮族自治区。其中，适宜的土地资源类型以灌木林地、疏林地和高覆盖度草地三种类型为主。

柳枝稷为多年生暖季型的草本植物。氮和水的利用率高，生长迅速，产量高，适应性强。我国适宜柳枝稷的土地资源总量高于甜高粱和木薯。总体上看，我国适宜发展柳枝稷的边际土地资源数量达到5939.89万公顷。最为集中的地区为四川及云南两省，约占到全国柳枝稷适宜边际土地资源总面积的50%。其中，适宜的土地资源类型以灌木林地、疏林地和草地为主。

2.3　非粮燃料乙醇原料作物的生长潜力评估

能源植物种植阶段的能量、环境的投入产出估算，在其整个生命周期过程中占有十分重要的地位。本书在LCA框架下，引入基于过程的生物地球化学模型GEPIC，从而对我国宜能边际土地上能源植物的产量及其生长过程中的环境排放进行估算，同时得到其空间分布情况，为我国规模化发展能源植物的效益评估奠定技术基础。

2.3.1　作物生长过程模型

1）APSIM

APSIM（Agricultural Production System Simulator）模型是澳大利亚科学家开发研制的，用于模拟农业系统各生物过程，特别是气候风险下系统各组分生态和经济输出的机理模型。APSIM模型已在温带大陆性气候、温带海洋性气候、亚热带干旱气候和地中海气候带下的多种土壤类型上进行了验证和应用，可以用于玉米、小麦、高粱等20余种作物的模拟。APSIM模型在作物结构和轮作序列调整、作物产量、质量预测和控制及不同种植方式下水土流失调控等方面具有良好的描述能力，模型主体框架结构见图2-11。

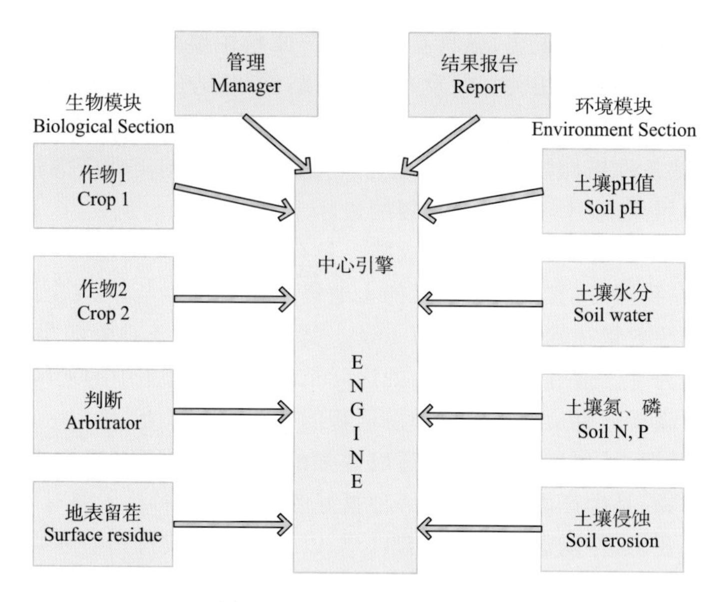

图 2-11　APSIM 模型结构图

2)DSSAT

DSSAT(Decision Support System for Agro-technology Transfer)——农业技术转让决策支持系统，由美国乔治亚大学组织开发，其可以通过一系列程序将作物模拟模型与土壤、气候及试验数据库相结合，进行长期、短期的气候应变决策。其在我国的气候变化对农业生产的影响评估和适应性研究的应用已经开展了很多工作，是目前气候变化影响评估领域应用比较广泛的作物模型之一。

DSSAT 包括主程序(实验设计和数据管理)和八大功能模块：设计实验模块(XBuild)、画图工具模块(GBuild)、建立土壤数据模块(SBuild)、建立实验数据文件模块(Experiment data)、建立气象数据文件模块(Weather data)、单季实验分析模块(Seasonal analysis)、轮作实验分析模块(Sequence analysis)、空间实验分析模块(Spatial analysis)。CERES 模型是 DSSAT 模型的谷物模块，其是美国科学家研发的面向用户的作物生长模拟模式，面向实际生产，已被广泛应用三十余年。

模型的输入资料包括：①气象数据：逐日太阳辐射量、降水量、最高气温、最低气温；②土壤数据：主要包括土壤质地和分类、土壤物理特征参数、分层土壤水分以及土壤养分状况；③遗传参数：与作物生长发育和产量形成相关的参数；④田间管理：主要包括播种时间、方式和播种量、施肥和灌溉日期、方式及量、收获时间和方式等内容。

模型的最终输出的内容包括：①作物生长发育资料：生育期内每天的地上部分生物量、各器官生物量、叶面积指数、生育期、产量及特征指标(籽粒产量、穗粒数等)等；②土壤水分、温度和养分资料：逐日的分层土壤含水量、土壤有效储水量、土壤蒸发、作物蒸腾、潜在蒸散、生长期间的水量平衡、作物生育期内的降水、径流、渗漏、土壤的逐日温度、作物地上部分的氮浓度、氮亏缺量、作物各器官氮含量、各层土壤有机和无机氮含量及碳含量等。

3)GEPIC

GEPIC 模型(GIS-based Environmental Policy Integrated Climate)是由瑞士联邦理工学

院水产科学和技术研究所(EAWAG)的刘俊国等开发,将 EPIC 模型与 GIS 技术耦合,可以用于模拟土壤—作物—大气管理系统的主要过程的时空动态。

EPIC 模型的全称是 Erosion Productivity Impact Calculator(侵蚀—生产力影响计算模型),由美国 Williams 和 Sharpley 为首的 22 个知名科学家及工程师在 CREAMS 模型的基础上于 1984 年设计并研发,后改名为 Environmental Policy Introduced Climate(整合气候的环境政策模型)。EPIC 模型的初期版本由 9 个模块组成,即气候模块、水文模块、土壤侵蚀模块、养分循环模块、土壤温度模块、作物生长模块、耕作模块、经济效益模块和作物环境控制模块。1991 年,该模型增加了农药和杀虫剂模块,1995 年又增加了碳循环模块。EPIC 模型在世界范围内得到了广泛的试验验证与应用,已成为世界上较有影响力的水土资源管理和作物生产力评价模型之一,能够用于作物产量评估、水土流失评价、气候变化影响评价、农田水肥管理等。

GEPIC 模型克服了传统大尺度模型空间精度不高、小尺度模型难以满足环境政策决策需求的缺点,不但能够实现 EPIC 模型所有的功能,同时能以高空间分辨率定量评价,能够在全球、国家、流域尺度上以高空间分辨率模拟水文、植被生长与耗水、生态系统蓝绿水消耗以及生物燃料生产对土地资源和水资源、土壤侵蚀的影响等过程。该模型现在已被美国、德国、瑞士、奥地利、西班牙、中国、印度等 12 个国家的近 20 所科研机构应用。GEPIC 模型的总体结构见图 2-12。

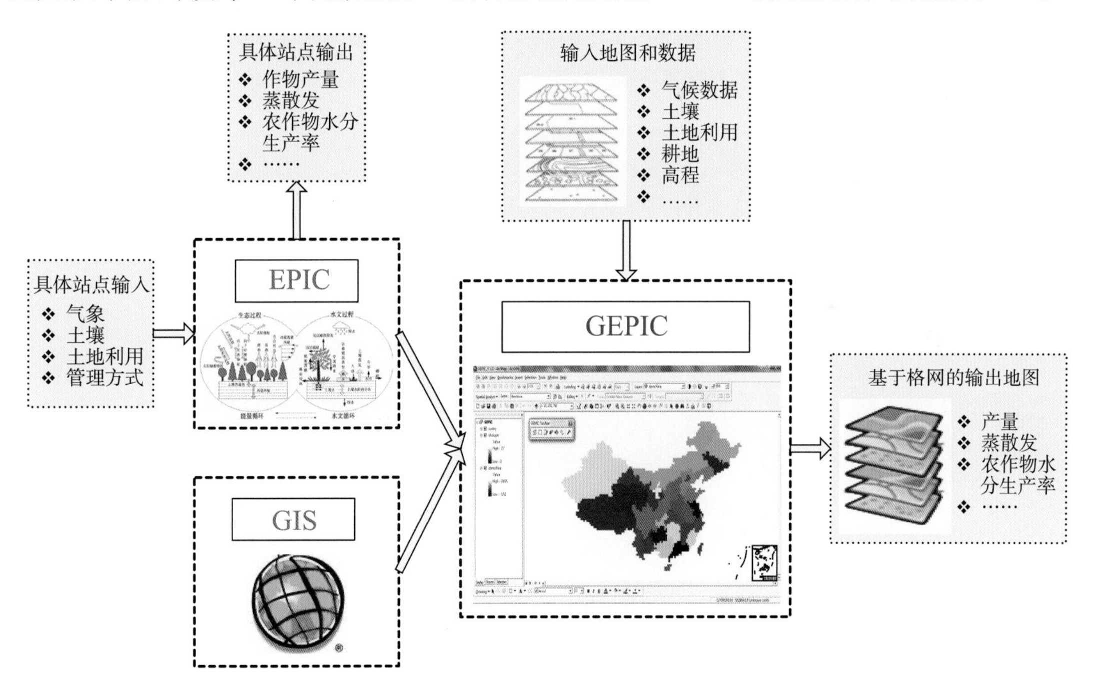

图 2-12 GEPIC 模型的总体结构图

2.3.2 我国边际土地甜高粱产量估算

1)甜高粱关键生长参数本地化

(1)甜高粱种植区基本情况

为了获取能源植物在边际土地上的生长过程参数,本书选择了典型的盐碱地进行试验,种植区为山东省东营市仙河镇振东村 28＃地(其他能源植物种植于 14＃地)。本书于作物种植前,对土壤进行了采样;在作物种植经过降水期后,对土壤进行了二次采样;同时,对生长初期、生长中期和成熟期的作物样本进行了采集工作;甜高粱种植到收割的整个过程以周报的形式进行观测和记录,包括实验区的天气状况和作物生长状况等。所有采集的样本在中国农业大学完成了测试,测试方法[134]及结果见表 2-8、表 2-9。

表 2-8 土壤样本测试指标及分析方法

测试指标	测试方法	指标意义
土壤 pH	玻璃电极法	土壤溶液的 pH 值代表土壤的酸碱度,对土壤肥力、植物生长及养分的有效性影响很大;不同地区土壤酸碱度不同,可以种植的与其相适应的作物和植物也不同。在农业生产中应该注意土壤的酸碱度,积极采取措施,加以调节。 按土壤 pH 的分级标准,其中＜4.5 为极强酸性,4.5～5.5 为强酸性,5.5～6.5 为酸性,6.5～7.5 为中性,7.5～8.5 为碱性,8.5～9.5 为强碱性,＞9.5 为极强碱性。
土壤有机质(SOM)	外加热法	土壤有机质泛指土壤中以各种形式存在的含碳有机化合物。尽管土壤有机质的含量只占土壤总量的很小一部分,但它对土壤形成、土壤肥力、环境保护及农林业可持续发展等方面都具有极其重要的意义。 土壤有机质养分含量分为六个级别,其中＞40 g/kg 的土壤有机质养分为一级水平,30～40 g/kg 为二级水平,20～30 g/kg 为三级水平,10～20 g/kg 为四级水平,6～10 g/kg 为五级水平,＜6 g/kg 为六级水平。
土壤全氮(N)	半微量开氏法	土壤中的氮素绝大多数是以有机态存在的,有机态氮素在耕作等一系列条件下,经过土壤微生物的矿化作用,转化为无机态氮供作物吸收利用。土壤中有机态氮与无机态氮的总和称土壤全氮。 土壤全氮养分含量分为六个级别,其中＞2 g/kg 的土壤全氮养分为一级水平,1.5～2 为二级水平,1～1.5 g/kg 为三级水平,0.75～1 g/kg 为四级水平,0.5～0.75 g/kg 为五级水平,＜0.5 g/kg 为六级水平。
土壤速效磷(速 P)	碳酸氢钠法	土壤速效磷是指能为当季作物吸收利用的磷,速效磷的含量是土壤磷素供应的指标,了解速效磷的供应状况,对施肥有着直接的指导意义。 土壤速效磷养分含量分为六个级别,其中＞40 mg/kg 的土壤速效磷养分为一级水平,20～40 mg/kg 为二级水平,10～20 mg/kg 为三级水平,5～10 mg/kg 为四级水平,3～5 mg/kg 为五级水平,＜3 mg/kg 为六级水平。
土壤速效钾(速 K)	火焰光度法	土壤速效钾是指土壤中易为作物吸收利用的钾素,能真实反映土壤中钾素的供应情况,包括土壤溶液钾及土壤代换性钾。测定和了解土壤速效性钾含量及其变化,对指导钾肥的施用是十分必要的。 土壤速效钾养分含量的分级标准,其中＞200 mg/kg 的土壤速效钾养分为一级水平,150～200 mg/kg 为二级水平,100～150 mg/kg 为三级水平,50～100 mg/kg 为四级水平,30～50 mg/kg 为五级水平,＜30 mg/kg 为五级水平。
土壤电导率(Ec)	电导率仪法	土壤溶液具有导电性,导电能力的强弱可用电导率表示。土壤电导率是测定土壤水溶性盐的指标,而土壤水溶性盐是土壤的一个重要属性,是判定土壤中盐类离子是否限制作物生长的因素。

表 2-9　2014 年 9 月份降水期后 28＃地土壤采样测试表

土壤样品	pH	有机质(g/kg)	全 N(%)	速 P(mg/kg)	速 K(mg/kg)	Ec(ms/cm)
28＃地东侧	8.62	11.03	0.31	6.05	153.26	0.41
28＃地西侧	8.34	8.86	0.29	21.35	217.35	1.48

综合测试结果可知，28＃地 pH 值较高，尤其是东侧土壤，已经达到强碱性土壤的水平；速效磷基本达到三四级水平，速效钾基本达到一二级水平。

9 月份为降水期后，土壤碱性仍然很高的原因是 2014 年仙河镇当地降雨量非常少，是 10 年来的最低值。明显低于 2013 年生长季(4—10 月)降水量，2013 年 4—10 月平均降水量为 687.3 mm，而 2014 年同期平均降水量是 244.7 mm，其降雨天数对比情况见图 2-13。由于夏季炎热，又缺少雨水，不但没有达到“灌水洗盐”和降低碱性的目的，反而使土壤返碱非常严重。

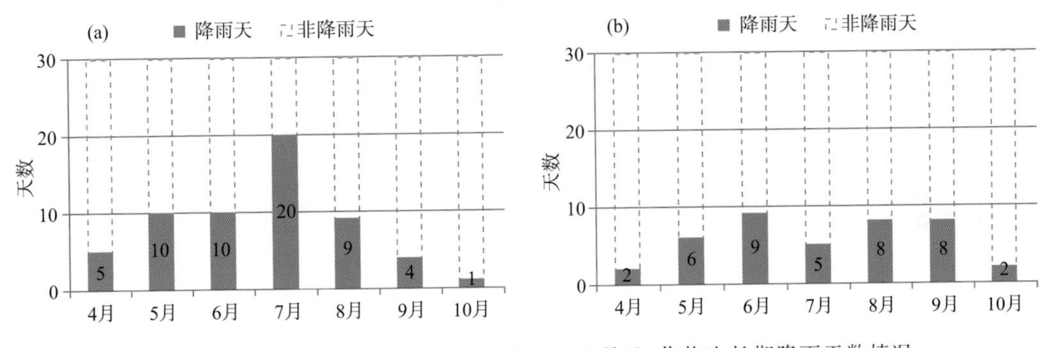

图 2-13　2013 年 4—10 月(a)、2014 年 4—10 月(b)作物生长期降雨天数情况

(2)甜高粱种植、生长及收割情况

该基地种植的甜高粱是由美国 NexSteppe 公司开发和提供的马里布甜高粱杂交品种，是一种被优化的高粱品种，可为用于生产生物质燃料、化学品以及其他产品的可发酵糖类提供一种简单而方便的原料来源。可以为现有的糖类转化成乙醇的加工厂提供很好的原料资源。

根据 NexSteppe 公司提供的种植要求，采取了如下的种植步骤：

①拌种(时间：2014 年 5 月 28 日)。待甜高粱种子晾干后即可开始种植(表 2-10)。

表 2-10　甜高粱拌种药物

名称	计量	功能
甲霜灵(Metalaxyl)	0.265 mL/kg	种子杀菌剂
咯菌腈(Fludioxonil)	0.1 mL/kg	种子杀菌剂
赛速安(Thiamethoxam)	4 mL/kg	种子杀虫剂

②播种(时间：2014 年 5 月 29 日)。行距 50 cm，株距 10 cm，开沟深度 10 cm，覆土厚度 2～3 cm，每亩播种 0.5 kg，播种数量 16000 株左右。

③施肥(时间：2014 年 5 月 29 日)。播种的同时每亩施 30 kg 复合肥，复合肥 N-P-K 的含量为 12%-18%-15%。施肥沟距离种植沟 4 cm。

④除草(时间：2014 年 6 月 1 日)。播种完毕后 2 天，喷洒除草剂莠去津(Atrazine)，每亩用量 0.2 L。

⑤二次施肥(时间：2014 年 6 月 25 日)。根据长势种植后 14～24 天追肥，每亩施 30 kg 复

合肥，复合肥 N-P-K 的含量为 12%-18%-15%。

自甜高粱种植之后，新必奥公司安排专人对基地气象条件、各类能源植物生长情况进行监测和记录。本书根据能源植物种植基地提供的文字记录及照片，整理汇编形成从种植到收割的周报（每个星期形成一期周报，以 2014 年 7 月 21—27 日为例，周报形式见图 2-14）。甜高粱种植区的整体及单株完整生长周期情况见表 2-11。

山东省东营市河口区仙河镇能源草种植周报

2014年7月21日~2014年7月27日

日期	当地温度	天气情况	风力情况	降雨量
7月21日	26℃~38℃	多云	3~4级	0
7月22日	24℃~30℃	雷阵雨	<=3级	22mm
7月23日	24℃~31℃	多云	3~4级	0
7月24日	20℃~29℃	雷阵雨	3~4级	16.6mm
7月25日	19℃~24℃	小到中雨	4~5级	13.3mm
7月26日	22℃~31℃	多云	3~4级	0
7月27日	23℃~33℃	晴	<=3级	0

山东省东营市河口区仙河镇能源植物甜高粱长势情况

2014年7月21日~2014年7月27日

出苗率		95.00%
长势较好的地块	数量	12000株左右
	平均植株高度	175cm左右
长势较不好的地块	数量	3200株左右
	平均植株高度	135cm
本周问题及解决反馈	问题	
	解决反馈	

	整体照片	长势好的单株照片（甜高粱）	长势差的单株照片（甜高粱）
2014年7月20日			

28#甜高粱的生长趋势

周次	周期	长势好的长度（cm）	长势一般的长度（cm）
1	6.2-6.8		
2	6.9-6.15	15	
3	6.16-6.22	25	
4	6.23-6.29	60	20
5	6.30~7.6	100	27
6	7.7~7.13	140	79
7	7.14~7.20	160	110
8	7.21~7.27	175	135
9			
10			
11			

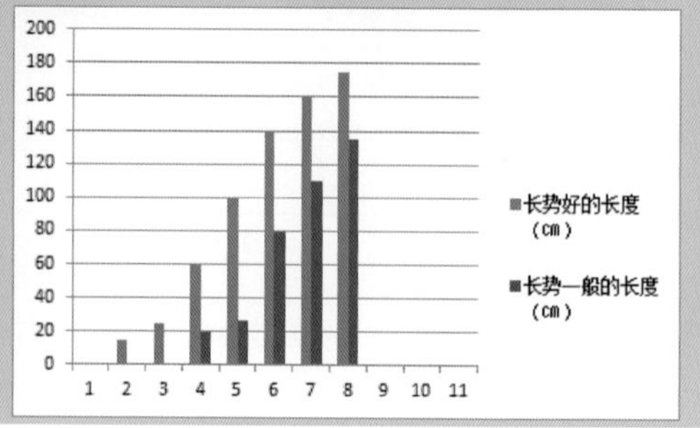

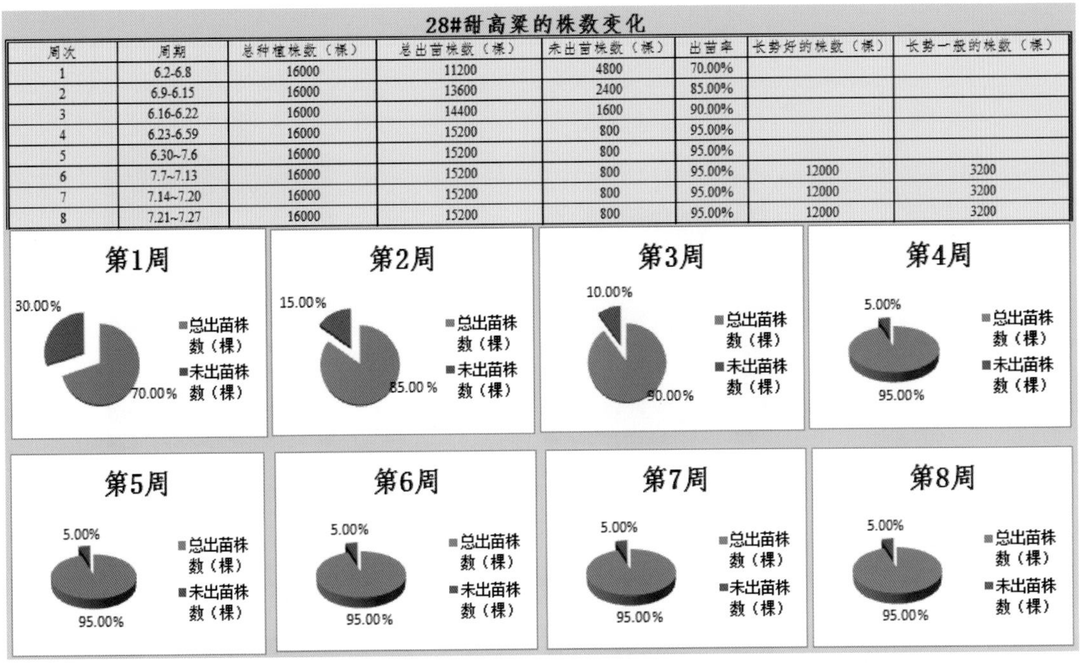

28#甜高粱的株数变化

周次	周期	总种植株数（棵）	总出苗株数（棵）	未出苗株数（棵）	出苗率	长势好的株数（棵）	长势一般的株数（棵）
1	6.2-6.8	16000	11200	4800	70.00%		
2	6.9-6.15	16000	13600	2400	85.00%		
3	6.16-6.22	16000	14400	1600	90.00%		
4	6.23-6.59	16000	15200	800	95.00%		
5	6.30~7.6	16000	15200	800	95.00%		
6	7.7~7.13	16000	15200	800	95.00%	12000	3200
7	7.14~7.20	16000	15200	800	95.00%	12000	3200
8	7.21~7.27	16000	15200	800	95.00%	12000	3200

第1周
30.00%
70.00%
■总出苗株数（棵）
■未出苗株数（棵）

第2周
15.00%
85.00%
■总出苗株数（棵）
■未出苗株数（棵）

第3周
10.00%
90.00%
■总出苗株数（棵）
■未出苗株数（棵）

第4周
5.00%
95.00%
■总出苗株数（棵）
■未出苗株数（棵）

第5周
5.00%
95.00%
■总出苗株数（棵）
■未出苗株数（棵）

第6周
5.00%
95.00%
■总出苗株数（棵）
■未出苗株数（棵）

第7周
5.00%
95.00%
■总出苗株数（棵）
■未出苗株数（棵）

第8周
5.00%
95.00%
■总出苗株数（棵）
■未出苗株数（棵）

图 2-14　2014 年 7 月 21—27 日能源植物周报——甜高粱

表 2-11　山东省东营市河口区仙河镇能源植物甜高粱长势情况

日期	整体照片	单株照片
2014/6/8		
2014/6/29		

续表

日期	整体照片	单株照片
2014/7/13		
2014/7/27		
2014/8/10		
2014/8/24		

续表

日期	整体照片	单株照片
2014/9/21		
2014/10/12		
2014/10/14		

2014 年 6 月 4 日，种植后 7 天，约 2/3 出苗，出苗高度在 2～4 cm。未出苗的种子已经发芽。6 月 28 日，种植后 25 天，出苗率达到 90%。整体长势不均。种植 4 周后，出苗率达到 95%。截至 7 月 20 日，种植第 7 周(共 54 天后)，78%的甜高粱高度达到 160 cm，其余高度达到 110 cm。种植第 9 周，种植区已开始出现严重的干旱现象，甜高粱叶片开始卷曲，见表 2-11 中 2014/7/27 一栏。种植 14 周后，由于种植地块有部分区域土壤透水性较差，导致土壤返碱严重，有小部分甜高粱死亡，存活率基本稳定在 70%～75%。

截至 2014 年 10 月 14 日，种植 19 周后，甜高粱开始收割。甜高粱种植面积为 1 亩，实际收割面积 0.7 亩左右，由于土壤成分的不同，大概有 0.3 亩甜高粱没有出苗。此次收割采用人工收割和称重形式，雇佣农民 5 人，收割时间为 3 小时，打捆和称重时间为 5 小时。收割费用为 820 元人民币。甜高粱收割时共采取了 4 个不同地点的甜高粱样品，1＃甜高粱的高度为 2.4 m、2＃甜高粱的高度为 2.35 m、3＃甜高粱的高度为 2.75 m，4＃甜高粱的高度为 1.5 m，长势较好与长势较差的植株高度差达到 1 m 以上。

收割结束之后，我们对甜高粱整个生长过程中(生长初期、中期和成熟期)的大、中、小三种长势水平的植株样本进行了统一的测试。测试内容包括样本鲜重、干重、含水量、全氮、全磷和糖分含量。样品的测试结果见表 2-12，测试方法见表 2-13。从甜高粱生物量上看，生长周期的中期到成熟期的生长速率要明显大于生长初期到生长中期阶段。随着甜高粱的逐渐成熟，生物量迅速增长，其中较大植株样本鲜重达到生长初期样本的 7 倍以上；含水量在 48.10％～67.28％；全氮和全磷含量随着甜高粱接近成熟期而呈现下降的趋势；长势中等的甜高粱在达到成熟期以后，其糖分含量为 23.70％，明显高于国内一般甜高粱品种的含糖量(14％左右)。

表 2-12　甜高粱样本测试结果

样本标识	鲜重(g)	干重(g)	含水量(％)	全氮(g/kg)	全磷(g/kg)	糖分(％)
生长初期(大)	70.40	60.78	13.66	26.07	1.90	14.70
生长中期(小)	30.29	24.86	17.93	21.46	1.14	16.38
生长中期(中)	62.99	42.70	32.21	13.17	1.47	18.18
生长中期(大)	128.46	89.64	30.22	21.06	2.13	17.86
成熟期(小)	162.57	84.37	48.10	16.04	1.69	19.17
成熟期(中)	431.89	145.33	66.35	13.20	1.20	23.70
成熟期(大)	491.54	160.84	67.28	13.20	1.01	26.17

表 2-13　甜高粱样本测试方法[134]

测定指标	含水量(％)	全氮(g/kg)	全磷(g/kg)	糖分(％)
测定方法	105±2℃烘干法	$H_2SO_4-H_2O_2$消煮，开氏法	$H_2SO_4-H_2O_2$消煮，钼锑抗比色法	酸水解铜还原直接滴定法
主要仪器	电热鼓风干燥箱	定氮仪	分光光度计	自动电位滴定仪
仪器型号	FXB101-2	KDY-9820	UV2300	ZD-3A

由于 2014 年仙河镇大旱，所以甜高粱长势受很大影响，如果雨水充沛的话，甜高粱的高度还能再增加 50 cm 左右。此次收割的甜高粱茎秆实际称重为 2.46 t，如果在土壤情况相同的情况下，亩产应该能够达到 3～3.5 t。此次收割的甜高粱籽粒并不饱满，预计总的籽粒重量在 10～15 kg。

(3)甜高粱生长过程模拟关键生长参数本地化

GEPIC 模型中的作物生理生态参数有 50 多个，包括能量—生物量转换因子、最大作物高度、潜在积温、潜在最大叶面积指数等。其中对作物产量影响较大的参数包括作物收获指数、最适生长温度、能量—生物量转换因子和潜在积温等[135]，根据能源植物种植基地采集的土壤及植株样本检测结果，结合国内相关研究，将 GEPIC 模型输入参数设置文件中作物生长过程模拟的相关指标进行调整。GEPIC 模型中作物的生理生态参数存储于 cropcom. dat 以及作物名 . ops 文件中。根据国内甜高粱实际种植情况，可在 cropcom. dat 文件以及 sorghum. ops 文件中对甜高粱的生长及管理参数进行修改。主要更改参数见表 2-14。

表 2-14　甜高粱产量模拟关键参数本地化

生长参数	参数意义	模型数值	本地化参数
WA	潜在生长率	35	51 g/d[127]
TB	植物生长的最佳温度	27.5	25℃[101]
TG	植物生长的最低温度	10	12.8℃[101]
HI	收割指数	0.5	1(实地调研)
SDW	正常种植率	90	70 kg/hm^2(实地调研)
HMX	最大作物高度	2	3.894 m[126]
RDMX	最大根深度	2	1.8 m[126]
BN1	生长初期作物生物量中的正常含氮量	0.044	10 kg/hm^2[126]
BN2	生长中期作物生物量中的正常含氮量	0.0164	52 kg/hm^2[126]
BN3	成熟期作物生物量中的正常含氮量	0.0128	110 kg/hm^2[126]
BP1	生长初期作物生物量中的正常含磷量	0.006	2 kg/hm^2[126]
BP2	生长中期作物生物量中的正常含磷量	0.0022	6 kg/hm^2[126]
BP3	成熟期作物生物量中的正常含磷量	0.0018	20.5 kg/hm^2[126]
GMHU	发芽所需要的积温	100	1500℃・d[101]

甜高粱在我国栽培历史悠久，分布广泛，种植经验与其他非粮能源作物相比要丰富得多。通过文献查阅、实地调研及专家咨询，本书对甜高粱生长潜力模拟过程需要的参数进行了全面的分析整理以及修正。

据不完全统计，我国目前保持甜高粱品种资源 384 份，通过前人的研究可以发现，我国主要甜高粱品种特征特性如下[124-127]：

①光温特性相关参数

甜高粱属于 C4 作物，具有较高的光合速率和干物质积累能力。其 CO_2 补偿点和光呼吸都几乎为 0，光合速率和光合强度高，最大短期生产力可达 51 g/d・m^2 土地（潜在生长率，WA），是 C4 植物中生物量最高的作物。不同品种、不同生长阶段以及不同地区种植的甜高粱对温度的要求都不尽相同，大体在 20～35℃。甜高粱不耐低温，生长中耐受的最低温度为 12.8～15.8℃（作物生长的最低温度，TG）。甜高粱的出苗期至拔节期适温为 20～25℃，拔节期至抽穗期的适温为 25～30℃，开花至成熟的适温为 25～28℃，据此，本书对模型需要的作物生长的最佳温度（TB）取值为 25℃。甜高粱开花后，昼夜温差越大越有利于茎秆中糖分的积累。甜高粱的极早熟品种对 10℃以上的积温的需求在 1500℃・d 左右，中熟品种（丽欧、雷伊和凯勒等）需要 1800℃・d，晚熟品种（泰斯、考利等）需要 2000℃・d，而极晚熟品种需要 2300～2500℃・d。

②生长特征相关参数

甜高粱的株高变异幅度较大，在 1.7～5.7 m，一般我国甜高粱品种的株高在 2～3 m，国外品种普遍偏高，在 3～4 m。黎大爵等对来自国内外的部分甜高粱品种、品系及创新种质的 5000 多个植株的主要农学性状及它们之间的相互关系进行了检测分析，结果显示，96%的植株分布在 3.5～5.3 m。针对甜高粱品种株高的统计结果发现，最矮的品种为黑龙江省的虎林（1.67 m）；最高的品种为来自江苏的小黑色头芦稷（3.849 m）。总体趋势是我国甜高粱品种资源的株高从北向南逐渐上升。甜高粱的根系为须根系，完全生长的根系入土深度可达 1.8 m，水平分布直径在 1.2 m 左右。本书对合作单位能源植物种植基地收割的甜高粱也进行了测量，种植品种为 NexSteppe 开发的马里布甜高粱杂交品种，其中不同地点的甜高粱高度分别为 2.4 m、2.35 m、2.75 m。由于 2014 年种植地大旱，所以甜高粱长势受很大影响，如果雨水充沛的话，株高会有一定提升空间。

③植株养分相关参数

甜高粱在不同生长时期氮的积累速度和数量差异较大。生长初期甜高粱植株中氮的积累缓慢，出苗后35～45天和70～91天两个阶段是全株氮积累的高峰期。前一阶段是营养生长旺盛期，而后一阶段是籽粒灌浆旺盛期。植株中磷的积累过程与氮相似，都是随着甜高粱生长发育的进程不断增加。生长初期全株磷的积累量不多，在播种后35～42天内磷的积累迅速增加，播后70～84天内，磷的积累量再次明显加速。两个时段也均与甜高粱的营养生长和籽粒灌浆高峰期吻合。不同时期甜高粱全株氮和磷的含量见表2-14。

对于不同来源的同一参数数值不一的问题以及不同品种对自然条件需求不一致等问题时，本书采用了最低要求的数值作为标准，以估算我国甜高粱生产的最大潜力；对于未能本地化的作物参数，采用了模型默认值，在进一步研究中有待改进和修正。

2)甜高粱产量估算

本书采用基于过程的GEPIC模型对我国边际土地上甜高粱种植的产量进行了模拟。模型模拟结果的精度受输入数据的直接影响，GEPIC模型模拟所需的数据主要包括地形数据(DEM数据和坡度数据)、气象数据、土壤数据、土地利用数据和田间管理数据(肥料数据和灌溉数据等)，以及本书中本地化的作物生长关键参数。为了保障GEPIC模型的正常运行以及模拟结果的精确性，本书采用的数据分辨率为0.1°。我国甜高粱产量分布及其可转化的燃料乙醇的产量分布见图2-15，其中，由于本书中只研究甜高粱茎秆转化为燃料乙醇的潜力，因此，已对模型模拟的甜高粱地上生物量产量进行转换，甜高粱茎秆与籽粒的比例按照20：1进行计算[136,137]，后文中所有甜高粱产量均指茎秆产量。利用我国2008年1：100万省级行政边界，对各省(区、市)的甜高粱产量分布及数量进行了统计，见表2-15。

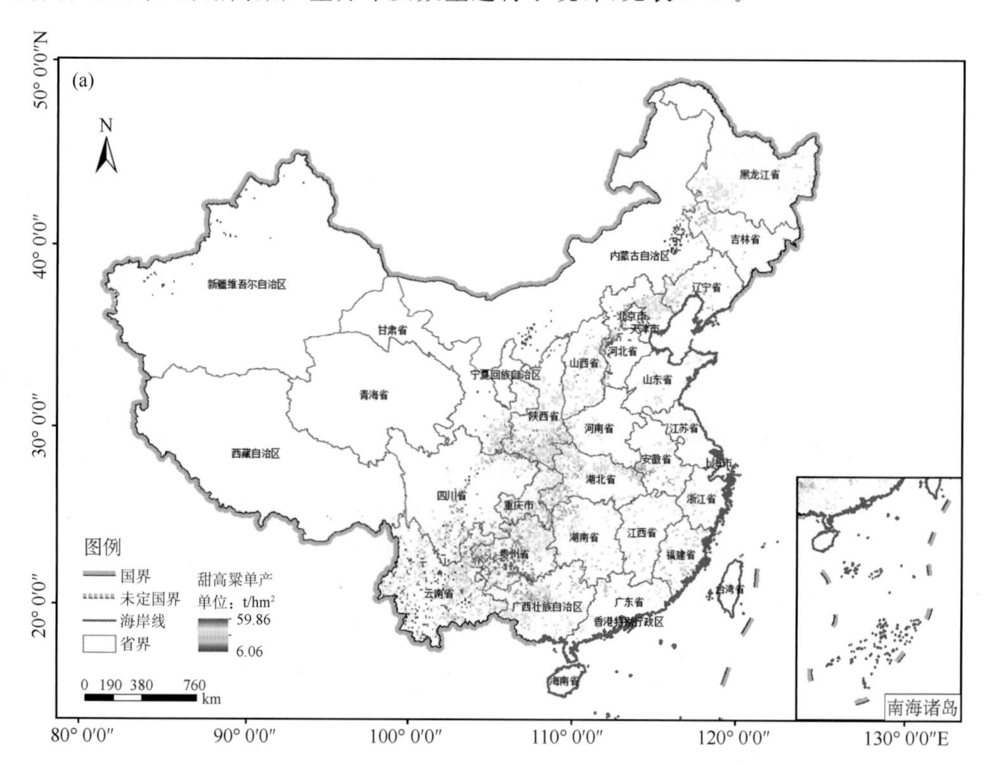

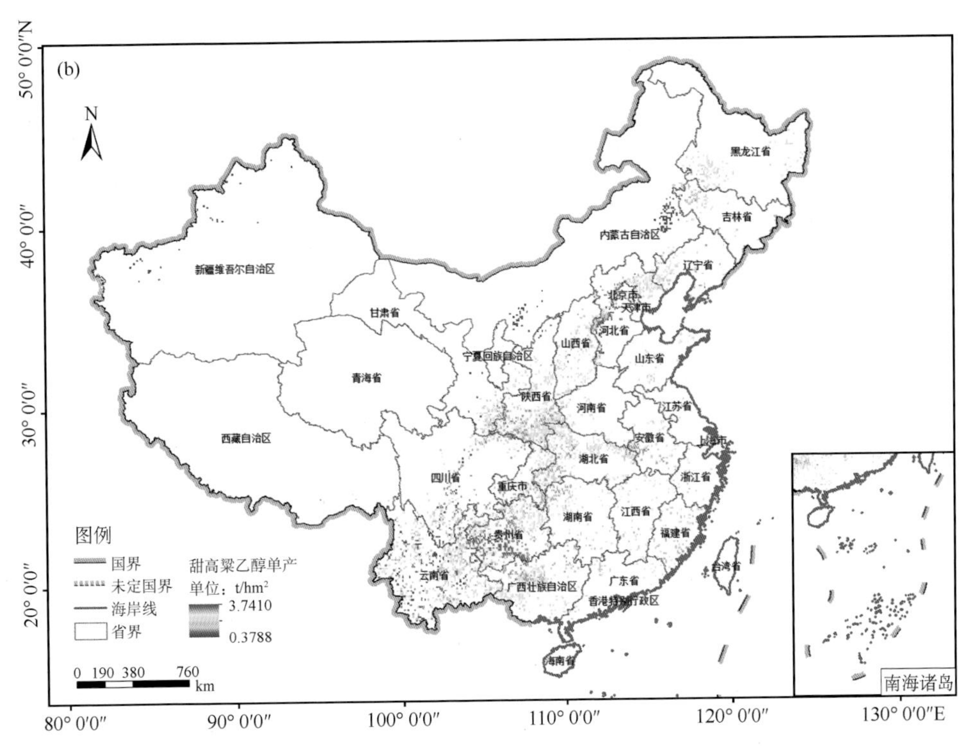

图 2-15　甜高粱单产(a)及甜高粱乙醇单产(b)空间分布

表 2-15　我国各地区甜高粱及其可转化的燃料乙醇产量

省份	甜高粱产量(万吨)	甜高粱乙醇产量(万吨)	百分比(%)
北京	486.89	30.43	0.23
天津	51.28	3.20	0.02
河北	8143.98	509.00	3.92
山西	6320.72	395.04	3.04
内蒙古	2357.95	147.37	1.13
辽宁	4757.81	297.36	2.29
吉林	2698.97	168.69	1.30
黑龙江	5317.85	332.37	2.56
江苏	493.80	30.86	0.24
浙江	1228.50	76.78	0.59
安徽	5696.53	356.03	2.74
福建	5419.76	338.74	2.61
江西	3602.98	225.19	1.73
山东	2231.17	139.45	1.07
河南	2603.60	162.73	1.25
湖北	19630.26	1226.89	9.45
湖南	8415.51	525.97	4.05
广东	2426.64	151.66	1.17
广西	16084.98	1005.31	7.74
重庆	7709.70	481.86	3.71

续表

省份	甜高粱产量(万吨)	甜高粱乙醇产量(万吨)	百分比(%)
四川	14307.95	894.25	6.88
贵州	28608.96	1788.06	13.77
云南	30580.17	1911.26	14.71
西藏	338.67	21.17	0.16
陕西	22102.61	1381.41	10.64
甘肃	5804.60	362.79	2.79
宁夏	14.32	0.90	0.01
新疆	349.61	21.85	0.17
全国	207824.04	12989	100.00

通过GEPIC模型模拟的甜高粱单产分布可以发现，由于边际土地资源土壤质量的差异，甜高粱产量的区域差异非常悬殊，从最低产量6.06 t/hm^2 到最高产量59.86 t/hm^2。与目前国内种植的甜高粱品种60～90 t/hm^2 的产量相比要低。其中，贵州省大部分地区的甜高粱单产具有较高的水平；陕西南部、湖北西部、安徽西南部以及福建部分地区次之；单产较低的地区分布于我国北方的新疆、内蒙古和河北西北部。按照甜高粱与燃料乙醇的转化率为16∶1计算[136,137]，可获得甜高粱燃料乙醇单产的空间分布如图2-15b所示，介于0.38～3.74 t/hm^2。

由于我国适宜种植甜高粱的边际土地资源非常丰富，统计得到的甜高粱与甜高粱燃料乙醇的总产量也相当可观。根据模型模拟结果，假设所有宜能边际土地资源都得到利用，将获得20.78多亿吨的甜高粱茎秆，由此得出可转化为1.29多亿吨的燃料乙醇。其中云南省甜高粱乙醇产量最高，占到全国总量的14.71%，贵州、陕西和湖北分别占13.77%、10.64%和9.45%。

2.3.3 我国边际土地木薯产量估算

1）木薯关键生长参数本地化

（1）木薯种植基本情况

木薯由于其耐贫瘠、抗旱并且淀粉含量高等特点，成为淀粉和能源工业的重要原料，目前已经成为华南农业发展一个非常重要的作物，在我国已经初步形成了琼西—粤西、桂南—桂东—粤中、桂西—滇南、粤东—闽西南等4个木薯种植优势区雏形[111]。据农业部发展南亚热带作物办公室统计，2005年我国木薯收获总面积为43.5万 hm^2，鲜薯总产量730万t，总产值近30亿元，木薯已成为我国第六大热带作物。

广西壮族自治区是目前我国木薯种植面积最大、产量最多、加工水平最高的省(区)。广西的温度、日照、水分都很适合木薯生长，其中，年均气温17～22℃，年均降雨量1250～1750 mm，全年无霜期长达280～360 d，全区大部分地区1月均温8.3～15.2℃[111]。此外，广西各地农民都有自发种植木薯的习惯。广西种植木薯面积较大的有南宁、钦州、北海、百色、梧州等地(市)，形成了桂中、桂南、桂东、桂西主产区[138]。

木薯的栽培管理主要包括选地整地、播种、田间管理以及收获与贮藏几个环节，各环节主要注意事项如下[101]：

①选地整地

木薯对土壤条件要求较低，除了过分贫瘠、有过多沙砾或积水的土地都可以种植。木薯不

宜连作，即使较为肥沃、施肥多且管理好的地块也一般不宜连作超过三年。木薯在播种前，须对土地进行深翻 25～30 cm，充分暴晒，以提高土壤保墒能力。

②播种

我国木薯一般是春播，在温度稳定在 12℃以上时播种。木薯通常用茎部繁殖，称作种茎。种植方式有平放、斜插和直插三种，由于斜插的方式出苗快，薯块朝一方伸展，具有收获方便等优势，被广为采用。

③施肥

木薯在生长的过程中，对于氮、钾、镁、钙、磷的吸收较多，氮、磷、钾的比例为 5∶1∶8，每生长 1 t 的木薯，将从土壤里吸收 300 g 镁、600 g 钙、500 g 磷、4.1 kg 钾、2.3 kg 氮。因此，为了不明显降低地力，同时又保障土壤的肥沃程度，每年应该每亩至少应增施 18 kg 氯化钾、5 kg 过磷酸钙、17 kg 硫酸铵[139]。

④田间管理

为了保证全苗，通常在种植后 20 d 开始补苗；苗高 15～20 cm 时开始间苗（留 1～2 株健壮幼苗）；苗高 20～30 cm 时需要及时施壮苗肥；出苗 30～40 d 后可以进行第一次中耕除草，并进行根基培土；播种后的 60～70 d 进行第二次中耕，并追肥、除草和培土；株高 100～140 cm 时，结合降雨施结薯肥。

⑤收获与储藏

木薯的早熟品种一般种植后 7 个月成熟，中熟品种约 8 个月，晚熟品种 9～10 个月。已成熟的木薯，在避免受到霜冻害的情况下，可以根据劳动力和收购情况灵活安排收获。

在北回归线以北有霜冻或寒流发生的地区，木薯的储藏通常采用浅沟储藏或地窖储藏，保持通风，温度保持在 14～18℃。由于木薯块根收获后易变质腐烂，又往往难以及时将全部完成加工，通常会对薯块进行干燥处理，再以切片或剥皮的木薯干片的形式储藏，薯块干片的含水率保持在 13%以下为宜。

(2)木薯生长过程模拟关键参数本地化

根据能源植物种植基地采集的土壤及植株样本检测结果，结合国内相关研究，将 GEPIC 模型输入参数设置文件中作物生长过程模拟的相关指标进行调整。GEPIC 模型中作物的生理生态参数存储于 cropcom. dat 以及作物名 . ops 文件中，因此，我们可在 cropcom. dat 文件以及 cassa. ops 文件中对木薯的生长及管理参数进行修改。主要更改参数见表 2-16[140]。

表 2-16　木薯产量模拟关键参数本地化

生长参数	参数意义	模型参数	本地化参数
HI	收获指数	0.95	0.64[140]
SDW	种植率(kg/hm^2)	200	1500[140]
HMX	最大作物高度(m)	2	3[141]
RDMX	最大根深(m)	2	1[140]
WCY	作物含水量	0.5	0.6[140]
TB	最适生长温度(℃)	27.5	25[128]
TG	最低生长温度(℃)	12	10[128]
GMHU	发芽所需潜热(℃)	100	250[140]

木薯种植于华南，耐贫瘠、抗性强，种植省工，是我国重要的生产燃料乙醇的能源作物。本书根据前人的研究成果[101,111,128-131]，结合实地调研及专家咨询结果，对我国木薯产量模拟过程中所需的关键参数进行本地化。

①光温特性相关参数

木薯为喜光温、短日性的C3植物，一般在日照小于13.5 h时开花。木薯的块根含有丰富的淀粉，短日照有利于块根的形成，使其结薯早，增重快，当日照长度大于16 h时，块根的形成会受到抑制。木薯属于热带作物，对温度要求较高，适宜种植于无霜期在8个月以上并且平均气温高于18℃的地区。木薯萌芽出苗的最适温度为25～28℃，茎叶生长的最适温度也是25～28℃，块根膨大的最适温度为22～25℃，因此，本书在模型模拟木薯生长潜力过程中取最适生长温度(TB)为25℃。在温度低于10℃时，木薯植株将停止生长，因此，本书修正模型模拟所需最低生长温度(TG)为10℃。

②生长特征相关参数

木薯的根分为须根、粗根以及块根，其中，块根富含淀粉，是生产燃料乙醇的重要原料来源。一年生的木薯块根长度为0.3～0.4 m，多年生的木薯块根要大得多，最长可达1 m以上。木薯一般茎高1.5～3.0 m，茎由节和节间组成，茎节上的腋芽能够生长出幼苗，可作为茎种繁殖后代。木薯的果实在木薯发育1～2个月后便可获得，但由于木薯种子的发芽率低，植株矮小，产量较低，不宜作为种子繁殖后代。

2)木薯产量估算

与甜高粱类似，利用GEPIC模型模拟了我国边际土地上木薯产量的空间分布，如图2-16a。从图中可以发现，木薯产区主要分布在我国南部地区，广西中北部、福建中南部及广东东北部木薯单产较高，云南、西藏和四川等地木薯燃料乙醇单产较低。按照木薯与燃料乙醇的转化率为2.9∶1计算，可获得木薯燃料乙醇单产的空间分布如图2-16b所示，介于0.024～2.535 t/hm^2。

结合单产的产值分布以及各省(区、市)宜能边际土地面积，利用2008年1∶100万省级行政边界，对我国各省(区、市)的木薯产量分布及数量进行了统计，见表2-17。

表2-17 我国各地区木薯及其可转化的燃料乙醇产量

省份	木薯产量(万吨)	木薯燃料乙醇产量(万吨)	百分比(%)
福建	476.963	164.47	9.09
江西	317.202	109.38	6.04
湖南	21.083	7.27	0.40
广东	729.582	251.58	13.90
广西	2727.827	940.63	51.96
海南	18.096	6.24	0.34
重庆	57.913	19.97	1.10
四川	17.371	5.99	0.33
贵州	164.314	56.66	3.13
云南	713.110	245.90	13.58
西藏	6.322	2.18	0.12
全国	5249.783	1810.27	100.00

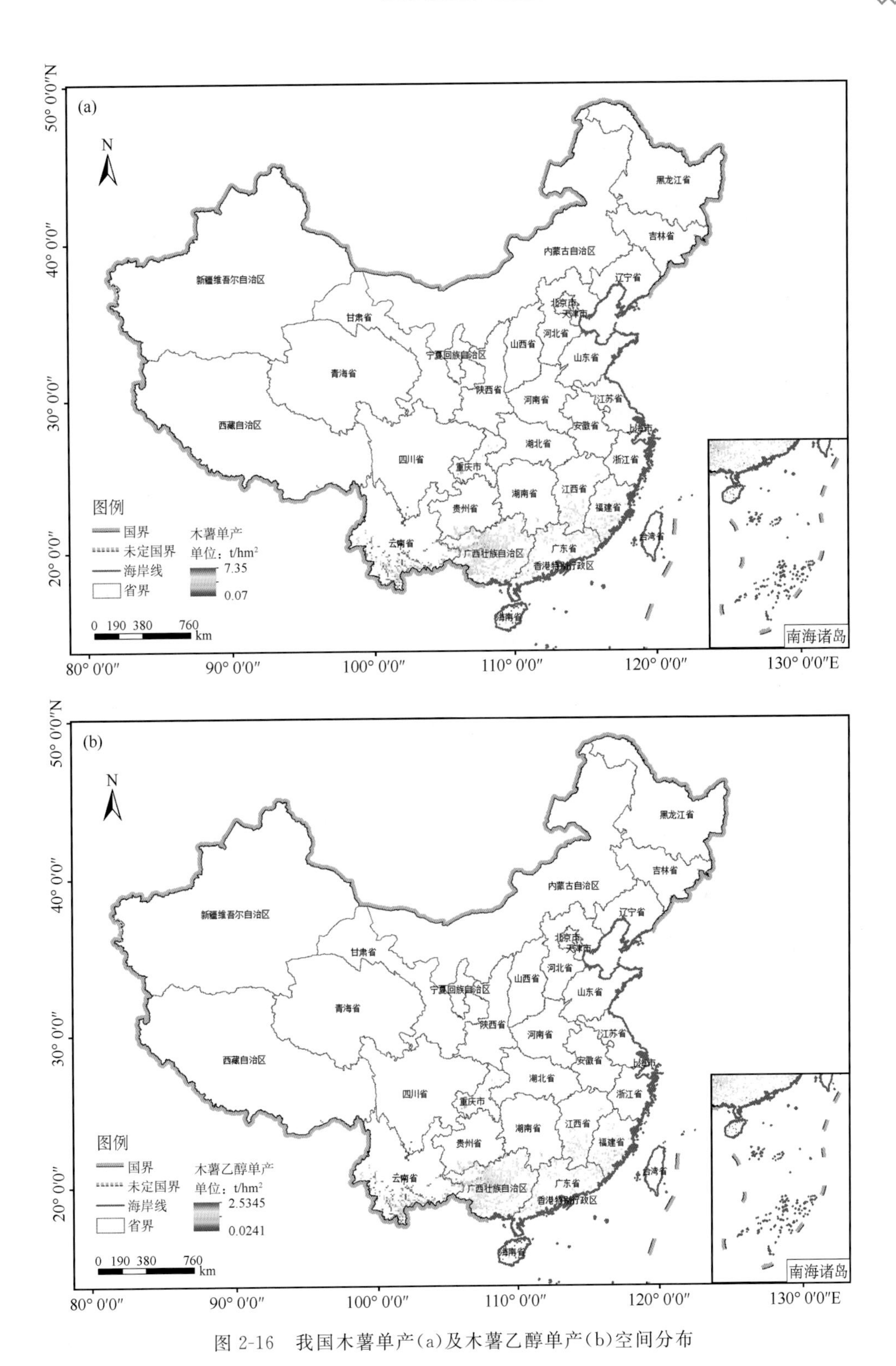

图 2-16　我国木薯单产(a)及木薯乙醇单产(b)空间分布

广西是目前我国最大的木薯种植区，GEPIC 模型的木薯产量模拟结果与此相符。评估结果显示，我国木薯燃料乙醇产量达到 1810.27 万吨，广西的产量占总量的 51.96%，其次为广东和云南，各占13%以上。在不考虑生产工艺的情况下，各省(区、市)木薯燃料乙醇的总产量受当地宜能边际土地面积及单产水平两因素的共同影响。

2.3.4 我国边际土地柳枝稷产量估算

1)柳枝稷关键生长参数本地化

(1)柳枝稷种植区基本情况

柳枝稷起源于美国，是优良的牧草。根据美国1984年至今的草本木质纤维素类能源植物的筛选工作，柳枝稷被认为是最具潜力的能源植物。柳枝稷耐旱、耐涝，无论是沙土还是黏土，在pH值4.9～7.6范围内都可以生长。本书中，能源植物种植基地选用的柳枝稷由北京草业与环境研究发展中心提供，主要目的是为了测试柳枝稷在我国盐碱地条件下的生长状况，以积累边际土地能源植物的种植和管理经验。

柳枝稷的种植区选择了山东省东营市仙河镇振东村的14#地和28#地。在柳枝稷种植前，作者对土壤进行了采样；在柳枝稷种植经过降水期后，对土壤进行了二次采样；同时，对生长初期、生长中期和成熟期的柳枝稷样本进行了采集工作；柳枝稷从种植到收割的整个过程以周报的形式进行观测和记录，包括实验区的天气情况、作物生长状况等。所有采集的样本在中国农业大学完成了测试。其中，28#地测试结果同甜高粱种植区(表2-9)，14#采样测试结果如表2-18、表2-19所示。

表2-18 2014年5月份降水期前14#地土壤采样测试表

土壤样品	pH	有机质(g/kg)	全N(%)	速P(mg/kg)	速K(mg/kg)	Ec(ms/cm)
1#	7.48	12.69	1.13	3.31	132.17	3.92
2#	7.47	14.91	1.15	3.22	105.03	1.92
3#	7.56	11.42	0.92	2.31	99.25	2.25
4#	7.69	14.52	1.20	4.26	93.41	1.79
5#	7.22	10.19	1.00	2.53	56.58	1.41

表2-19 2014年9月份降水期后14#地土壤采样测试表

土壤样品	pH	有机质(g/kg)	全N(%)	速P(mg/kg)	速K(mg/kg)	Ec(ms/cm)
1#	8.41	10.52	0.31	1.78	69.76	2.01
2#	8.10	19.28	0.49	9.25	126.08	3.12

由表可知，采样样地土壤有机质范围在10.52～19.28 g/kg，全区土壤样品有机质含量整体处于四级水平。土壤全氮量百分比范围在0.31%～1.2%，全区土壤样品全氮含量整体处于较低水平，尤其受降水较少和返碱的影响，9月份土壤的含氮量更低。土壤速效磷含量范围在1.78～9.25 mg/kg，由于2#样本是在14#地块排水沟附近采样，所以2#样本的速效磷含量能够达到四级水平，其他样本的速效磷含量仅仅能够达到五级甚至六级水平。土壤速效钾含量范围在56.58～132.17 mg/kg，除了其中三个在排水沟附近采样样本的速效钾含量能够达到三级水平外，其他样本的速效钾含量只能达到四级水平。土壤电导率范围在1.41～3.92 ms/cm，说明14#采样样品的含盐量较高。

综上所述，14#样地种植的能源植物前期受整体养分较低的影响，长势和出苗率都非常低，

后期降水量非常少，导致土壤返碱严重，碱性加大，导致14＃地已经出苗的柳枝稷全部死亡。

28＃地虽然也受到降雨量少、土壤返碱严重的影响，但土壤养分水平比14＃地要好得多，因此，仍有60％以上的柳枝稷存活。28＃地土壤的pH值和14＃地相差不大，甚至该地块东边土样的pH值还要高于14＃地，已经达到了强碱性土壤。而有机质养分含量和全氮量基本上和14＃地相同，但速效磷和速效钾含量要高于14＃地，速效磷基本达到三四级水平，速效钾基本达到一二级水平。含盐量也要明显低于14＃地。

(2)柳枝稷种植、生长及收割情况

2014年，能源植物种植基地与北京草业与环境研究发展中心合作种植了7.5亩左右的柳枝稷(11000株左右)。北京草业与环境研究发展中心提供了全部的柳枝稷种子以及种植方式。按照北京草业与环境研究发展中心的要求，柳枝稷种植过程如下：

①平整土地，包括：除芦苇等杂草、翻耕土地；

②柳枝稷采取直接播种方式种植，行距40～60 cm；

③在种植种苗的同时，在旁边开沟每亩施15 kg的复合肥。

2014年6月5日，14＃地柳枝稷全部种植完毕。至6月底种植后的第5周，随着气温的升高，土壤返碱情况加重，导致绝大部分的种苗死亡，柳枝稷存活的种苗为80株左右，存活率为0.73％。7月上旬，又死亡了30株左右，仅剩50株左右存活。由于存活柳枝稷数量太少，后期放弃了二次追肥和除草的步骤，至9月中旬种植后第18周，由于土壤返碱、养分不足以及芦苇的大面积生长，14＃地种植的柳枝稷全部死亡。整个生长过程见表2-20。

表2-20　山东省东营市河口区仙河镇能源植物柳枝稷长势情况(14＃地)

日期	整体照片	长势较好植株	长势较差植株
2014/6/29			
2014/7/6			

续表

日期	整体照片	长势较好植株	长势较差植株
2014/7/20			
2014/7/27			
2014/8/3			
2014/8/10			

续表

日期	整体照片	长势较好植株	长势较差植株
2014/8/24			
2014/9/7			
2014/9/21			

根据当地负责种植的农业专家介绍，28＃地在当地属于土壤质量较好的土地，是可以种植水稻和玉米的地块，在28＃地块上种植柳枝稷的目的，是对比一下与14＃地柳枝稷在存活率、亩产量上的区别。此次在28＃地块上种植了0.255亩(1350株)的柳枝稷，种植步骤与14＃地相同。

2014年6月5日，28＃地柳枝稷全部种植完毕。至种植第3周，长势好的柳枝稷高度已经达到了10 cm，柳枝稷的存活率基本上能达到95％左右。原计划第六周进行一次追肥和二次除草的工作，但考虑种植面积比较少，人工操作费用较高的原因，所以这两个步骤被取消了。到种植第7周，由于土壤养分和杂草(狗尾巴草)的大面积生长，导致部分柳枝稷种苗死亡，存活率下降到了60％。至种植第18周，柳枝稷的植株高度达到最大值，在120 cm左右。整个生长过程见表2-21。

表 2-21 山东省东营市河口区仙河镇能源植物柳枝稷长势情况(28#地)

日期	整体照片	长势较好植株	长势较差植株
2014/6/8			——
2014/6/29			
2014/7/13			
2014/8/3			

续表

日期	整体照片	长势较好植株	长势较差植株
2014/8/10			
2014/9/7			
2014/10/12			
2014/10/26			

2014 年 11 月 4 日，种植第 22 周后，28＃地柳枝稷开始收割，本次收割采取人工收割方式，由于地块中杂草丛生，尤其是芦苇长势较高且密集，很多植株已经混入杂草当中无法分辨，实际收割的面积和重量详见表 2-22。

表 2-22　28＃地柳枝稷实际收割情况统计

名称	实际收割面积(亩)	实际收割株数(棵)	存活率(%)	实际收割重量(kg)
柳枝稷	0.0529	280	60%	21.50

收割结束之后，我们对柳枝稷生长初期及成熟期的植株样本进行了测试。对于柳枝稷用于生产燃料乙醇这一目的来说，最主要的测试指标应包括柳枝稷中纤维素、半纤维素以及木质素含量。由于目前能够做这几项测试的单位较少，在样本采集后未能找到合适的测试机构，因此，与甜高粱等相同，对柳枝稷植株的基本参数进行了检测，测试内容包括样本鲜重、干重和含水量。样品的测试结果见表 2-23，测试方法同表 2-13。成熟期的柳枝稷植株，单株鲜重能达到 204.96 g，含水量 62.24%。由于种植区 2014 年大旱，严重影响了作物产量，如果是理想状态下，柳枝稷预计亩产能达到 406.59 kg。

表 2-23　柳枝稷样本测试结果

样品标识	鲜重(g)	干重(g)	含水量(%)
柳枝稷生长初期	24.87	21.33	14.23
柳枝稷成熟期	204.96	77.40	62.24

(3)柳枝稷生长过程模拟关键参数本地化

根据能源植物种植基地采集的土壤及植株样本检测结果，结合国内相关研究，将 GEPIC 模型输入参数设置文件中作物生长过程模拟的相关指标进行调整。GEPIC 模型中作物的生理生态参数存储于 cropcom.dat 以及作物名 .ops 文件中，因此，可在 cropcom.dat 文件以及 switchgrass.ops 文件中对柳枝稷的生长及管理参数进行修改。主要更改参数见表 2-24。

表 2-24　柳枝稷产量模拟关键参数本地化

生长参数	参数意义	模型数值	本地化参数
TB	植物生长的最佳温度(℃)	27.5	25[101]
TG	植物生长的最低温度(℃)	12	6.5[101]
HI	收割指数	0.95	1(实地调研)
DLAI	生长季中的峰值点	1	0.98(实地调研)
HMX	最大作物高度(m)	2	2.7[142]
RDMX	最大根深度(m)	2	3[142]
GSI	最大气孔度(mmol/m^2/s)	0.0074	69[119]
WAC2	二氧化碳的浓度对作物参数 WA 的影响率	660.52	1.1[101]
GMHU	发芽所需要的积温(℃·d)	100	152[101]

柳枝稷是多年生草本 C4 植物，其作为能源作物的开发研究工作始于美国，1984 年。美国能源部长达 5 年的草本能源植物项目的研究结果认为，柳枝稷是研究样本中最具开发潜力的植物。我国于 20 世纪 80 年代初引种了柳枝稷作为牧草和水土保持作物，在黄土高原地区试种成功并起到了良好的效果。柳枝稷作为能源转化的研究还处于起步和尝试阶段。本书根据

前人的研究，结合实地调研和专家咨询结果，基于 GEPIC 模型作物参数文件对我国柳枝稷的产量模拟的关键参数进行本地化[119,120,142-145]。

①光温特性相关参数

柳枝稷为 C4 植物，它对生长温度要求较高。柳枝稷生长的最适温度在 20～30℃，模型中取植物生长的最佳温度(TB)为 25℃。不同的品种对温度要求不同，种子萌发的起点温度一般为 5.5～12℃，出叶需要大于 10℃积温(GMHU)为 152℃・d(Alamo 品种)，孕穗期则需要 1777℃・d。柳枝稷为短日照植物，充分利用其光周期特性，在保证柳枝稷能够顺利越冬的情况下，尽量使其开花期推迟可以延长营养生长期，从而获得较高的生物质产量。

②生长特征相关参数

柳枝稷生长迅速，生物量高，植株高度一般为 0.5～2.7 m(最大作物高度，HMX)，个别品种的植株高度可超过 3 m。本书合作单位在山东省东营市河口区仙河镇种植了 7.5 亩由北京草业与环境研究发展中心培育的柳枝稷品种，约 11000 株。由于当地 2014 年大旱，最高的植株高度仅有 1.35 m。柳枝稷属于须根系作物，根系最大根深度(RDMX)可达 3 m。柳枝稷播种后第一年的生物质产量不高，仅能达到最大生产潜力的 30%左右，第二年以后由于茎基部以及根状茎分蘖，能够储存足够的养分，并满足地上部分蘖迅速生长对养分的需求，因此，生物量将大幅提高。

2)柳枝稷产量估算

与甜高粱和木薯类似，本书利用参数率定后的 GEPIC 模型模拟了我国边际土地上柳枝稷产量的空间分布，如图 2-17 所示。从图中可以发现，我国柳枝稷主产区多分布于南方。每公顷柳枝稷最大产值达到 18.45t，按照柳枝稷与燃料乙醇的转化率为 3.85：1 计算，可获得柳枝稷燃料乙醇的最大单产为 4.79 t/hm²。全国柳枝稷燃料乙醇单产空间分布见图 2-17b，介于 1.79～4.79 t/hm²。

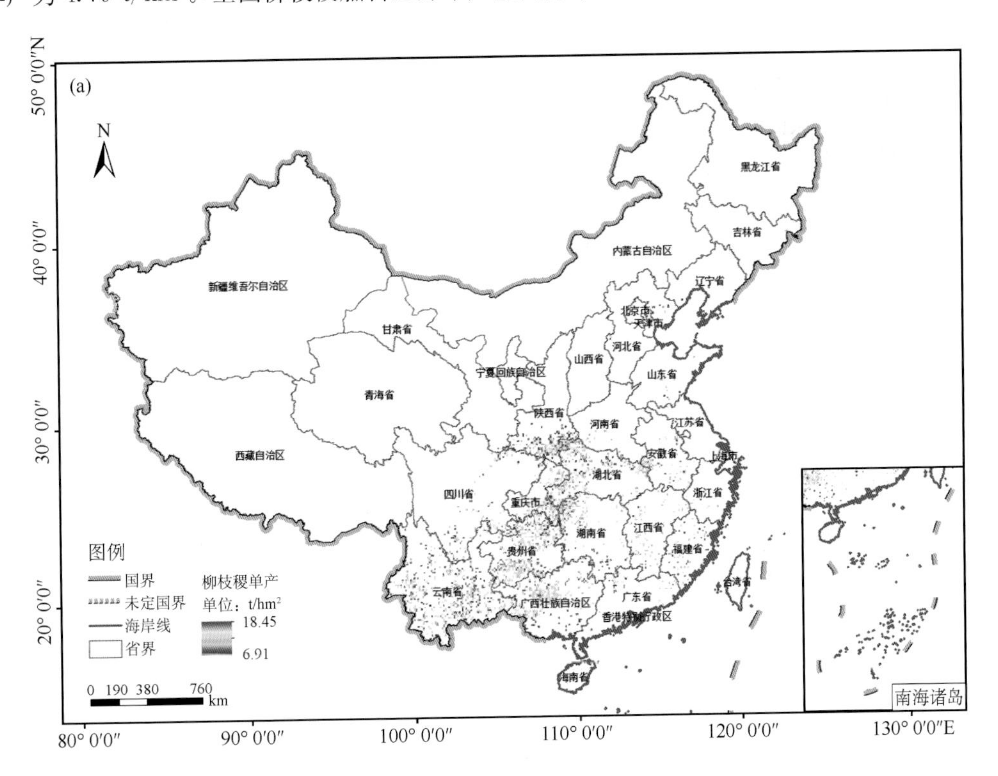

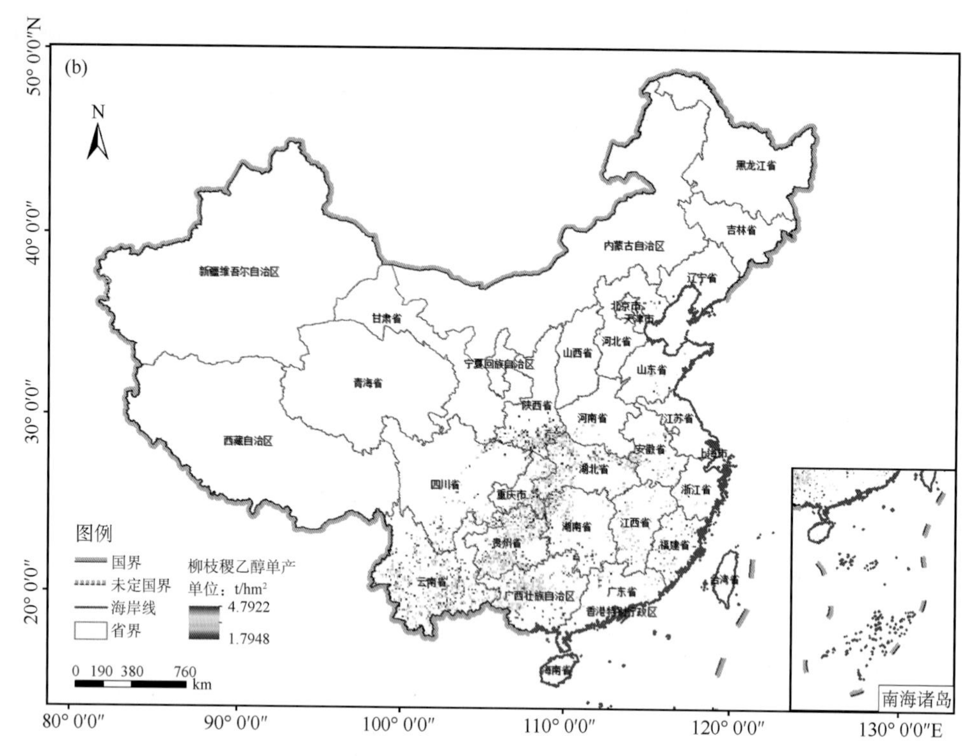

图 2-17　柳枝稷单产(a)及柳枝稷乙醇单产(b)空间分布

结合单产的产值分布以及各省(区、市)宜能边际土地面积，利用 2008 年 1：100 万省级行政边界，对各省(区、市)的柳枝稷产量分布及数量进行了统计分析，分析结果如表 2-25 所示。

表 2-25　我国各地区柳枝稷及其可转化的燃料乙醇产量

省份	柳枝稷产量(万吨)	柳枝稷燃料乙醇产量(万吨)	百分比(%)
北京	1.69	0.44	0.01
天津	2.08	0.54	0.01
河北	133.40	34.65	0.41
山西	12.55	3.26	0.04
辽宁	139.18	36.15	0.42
江苏	144.88	37.63	0.44
浙江	168.51	43.77	0.51
安徽	1168.74	303.57	3.56
福建	927.16	240.82	2.83
江西	1086.78	282.28	3.31
山东	194.85	50.61	0.59
河南	306.88	79.71	0.94
湖北	4079.15	1059.52	12.44
湖南	2198.58	571.06	6.70
广东	527.95	137.13	1.61
广西	4002.23	1039.54	12.20
海南	70.61	18.34	0.22

续表

省份	柳枝稷产量(万吨)	柳枝稷燃料乙醇产量(万吨)	百分比(%)
重庆	1820.90	472.96	5.55
四川	2006.43	521.15	6.12
贵州	4987.87	1295.55	15.21
云南	6477.16	1682.38	19.75
西藏	14.55	3.78	0.04
陕西	2253.29	585.27	6.87
甘肃	75.58	19.63	0.23
全国	32801.08	8519.76	100.00

统计结果显示,我国柳枝稷燃料乙醇产量达到8519.76万吨。其中,柳枝稷燃料乙醇产量超过270万吨的有云南、贵州、湖北和广西四个省(区),分别占全国总量的19.75%、15.21%、12.44%及12.20%,可考虑作为柳枝稷燃料乙醇优先发展区。受柳枝稷宜能边际土地资源的影响,北京、天津、山西及西藏四地燃料乙醇产量均不足万吨,所占总量百分比不足0.01%,可忽略不计。

2.3.5 小结

我国发展非粮燃料乙醇的重要瓶颈之一是原材料的供应。根据燃料乙醇生产工艺的不同,本书选择糖质的甜高粱、淀粉质的木薯以及纤维素质的柳枝稷为例,对三种不同生产工艺的原料作物的产量进行评估,具有重要的现实意义。

本章利用基于过程的GEPIC模型对三种原料作物的产量进行了评估。首先,对甜高粱、木薯及柳枝稷在GEPIC模型模拟中所需的关键参数(光温特性、生长特征、植株养分特征等)进行本地化,从而使模型模拟的结果更加合理和可靠。其中,甜高粱和柳枝稷相关作物参数较多地参考了合作单位能源种植基地的监测和记录数据;木薯相关参数主要来源于国内现有的研究、调研及专家咨询意见。本章基于我国基础地理数据、作物本地化参数,利用GEPIC模型对我国甜高粱、木薯和柳枝稷的生长潜力进行了评估,得到以下结论:

(1)由于我国适宜种植甜高粱的边际土地资源非常丰富,通过模型模拟的甜高粱产量也相当可观。假设所有宜能边际土地资源都得到利用,将获得20.78多亿吨的甜高粱茎秆,可转化为1.29多亿吨的燃料乙醇。由于边际土地资源土壤质量的差异,甜高粱产量的区域差异非常悬殊,从最低产量6.06 t/hm^2 到最高产量59.86 t/hm^2。其中,贵州省大部分地区的甜高粱单产具有较高的水平;陕西南部、湖北西部、安徽西南部以及福建部分地区次之。通过对各省(区、市)的甜高粱燃料乙醇产量进行统计发现,云南省甜高粱产量最高,占到全国总量的14.71%,贵州次之,约占13.77%。

(2)对木薯产量空间分布的模拟发现,木薯产区主要分布在我国南部地区,广西中北部、福建中南部及广东东北部木薯单产较高,云南、西藏和四川等地木薯燃料乙醇单产较低。广西壮族自治区的木薯燃料乙醇发展潜力最大,占到全国总量的51.84%,约合324.35万吨。其次为广东省和云南省,各占13%以上。在不考虑生产工艺的情况下,各省木薯燃料乙醇的总产量受该省宜能边际土地面积及单产水平两因素的共同影响。

(3)我国柳枝稷主产区多分布于南方。每公顷柳枝稷最大产值达18.45 t,按照柳枝稷与燃料乙醇的转化率为3.85∶1计算，可获得柳枝稷燃料乙醇的最大单产为4.79 t/hm^2。对各省(区、市)的柳枝稷乙醇产量统计发现，我国柳枝稷燃料乙醇产量达到2212.92万吨。其中，柳枝稷燃料乙醇产量超过270万吨的有云南、贵州、湖北和广西四个省(区)，分别占全国总量的19.75％、15.21％、12.44％及12.20％，可考虑作为柳枝稷燃料乙醇优先发展区。

第3章　非粮燃料乙醇发展潜力评价模型

随着我国经济水平的不断发展，汽车保有量急剧上升。从20世纪80年代到2003年，我国汽车保有量增长到1219万辆用了近20年的时间，而突破2000万辆仅用了3年[146]。截至2014年4月，国内汽车保有量已超过1.4亿辆，约为2003年全国汽车数量的5.8倍。与此形成鲜明对比的是我国石油资源的严重匮乏。我国于1993年成为石油净进口国，并在2003年成为亚洲第一、世界第二的石油消费大国。同时，化石燃料的大量使用造成的环境污染与生态安全问题也日益加剧。生物能源作为一种可替代化石能源的可再生清洁能源，其开发、利用以及影响等问题正在引起各国的高度重视，更是众多学者研究的重点，不同学者对于生物能源发展的能源效益、环境影响以及经济效益方面的研究还存在很大的差异及不确定性[147-149]。因此，从能源效益、环境影响等方面对燃料乙醇生命周期进行系统的研究，是确定我国发展非粮燃料乙醇在能源、环境方面可行性的必然途径之一。

本书首先利用过程模型实现了非粮作物在种植阶段的产量、产能以及环境排放情况的时空模拟，并落实到地理栅格单元上。在此基础上，以LCA为框架，结合其他研究成果，构建了非粮燃料乙醇从种植、运输到生产的评价模型，实现了非粮燃料乙醇整个生命周期的发展潜力评价。基于数据、方法和专业的特点，本书重点从三个方面进行燃料乙醇发展潜力评价：①能量效益，重点关注燃料乙醇生命周期系统中的净能量生产潜力（净能量盈余）；②环境影响，重点从全球暖化潜力、光化学烟雾潜力、人体毒性潜力、气溶胶潜力和酸化潜力五个方面评价燃料乙醇生命周期的环境影响；③经济性，以经济投入与产出价值的比（产投比）来衡量燃料乙醇生命周期系统中的经济性。

LCA是一种用于评价产品或系统在其整个生命周期中，即从原材料获取、产品生产、产品使用及使用后处理整个过程中，对环境影响和能量消耗进行分析的技术和方法。其技术框架可以描述成4个相互关联的组分（图3-1），他们分别是目的和范围界定、清单分析、影响评价和改进评价[150]。

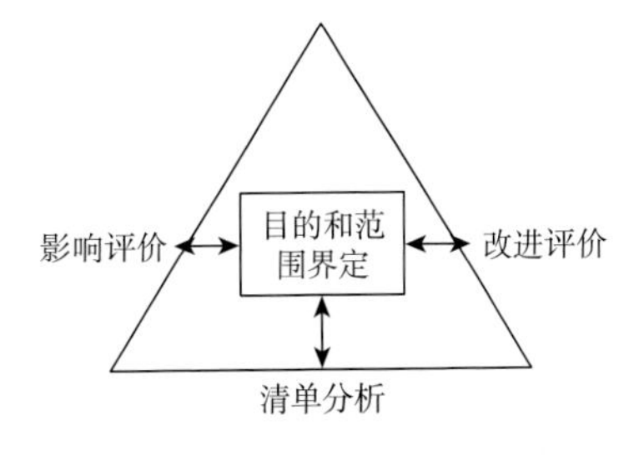

图3-1　生命周期评价的技术框架

我国非粮燃料乙醇生命周期评价的目标为：从满足我国燃料乙醇产业建设需要出发，对我国生产燃料乙醇的三种主要类型的非粮原料作物在燃料乙醇生产过程中的生命周期能源效益、环境影响和经济性等指标进行评价，并以此提出相应的建议或措施，为政府决策提供依据。

燃料乙醇生命周期是从“原料”到“使用”的整个过程，包括“原料生产”“燃料生产”和“燃料使用”三个单元过程，如图3-2所示。

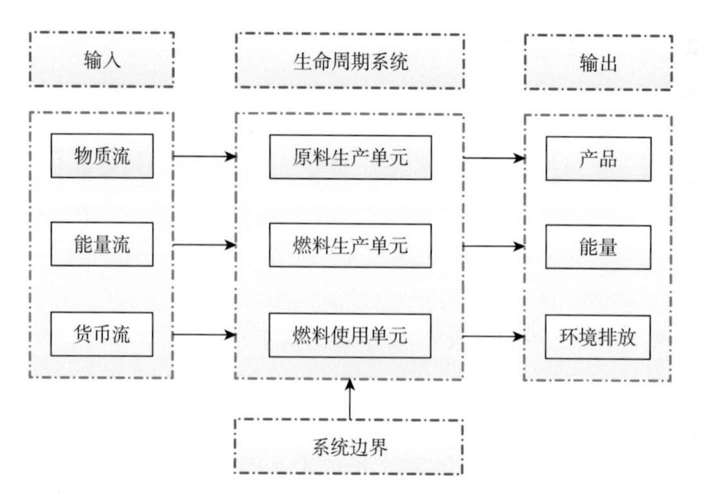

图 3-2 燃料乙醇生命周期系统

原料生产单元过程中主要考虑的物质和能量输入包括：种子、机械、人力、化肥、电力、能源及农药等，具体过程如图 3-3 所示。

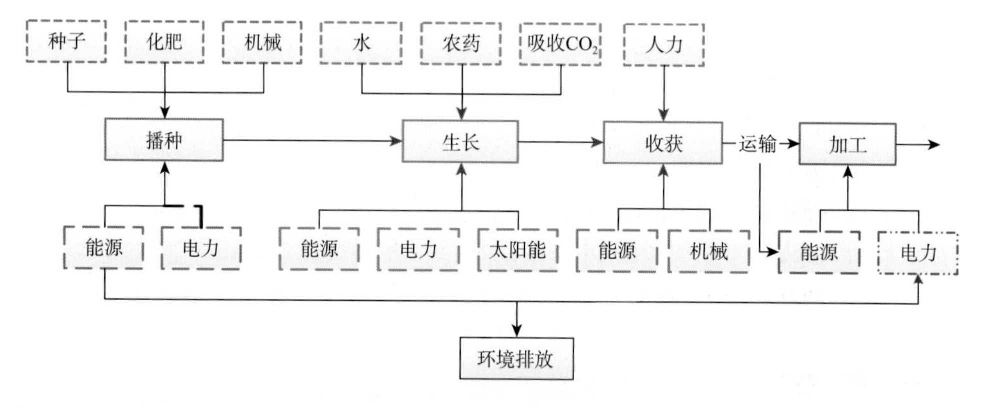

图 3-3 原料生产单元

燃料生产单元是把甜高粱、木薯和柳枝稷加工成燃料乙醇的过程。主要包括粉碎、混合、液化、糖化、发酵、蒸馏及后处理等，具体过程如图 3-4 所示。

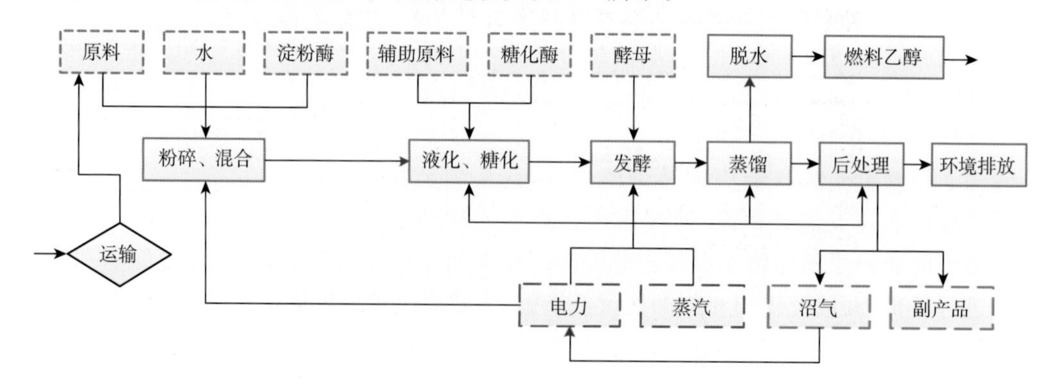

图 3-4 燃料生产单元

燃料使用单元是将燃料乙醇的化学能转化为机械能的过程。首先，在由甜高粱、木薯、柳枝稷为原料生产的燃料乙醇中加入一定适量变性剂，生成变性燃料乙醇。将变性燃料乙醇运输到加油站，以一定的比例与汽油混合，混成不同规格的燃料乙醇汽油，供汽车使用。然后，燃料乙醇汽油通过在发动机中的燃烧把化学能转化为工质的热能，再通过工质的膨胀转换为汽车行驶的机械能。具体过程如图 3-5 所示。

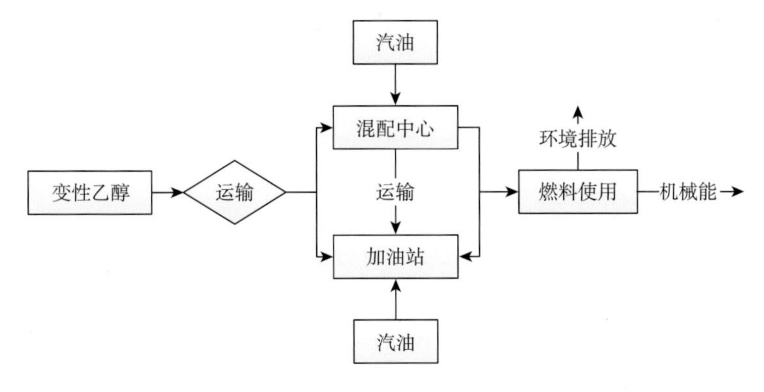

图 3-5　燃料使用单元

在明确了非粮燃料乙醇生命周期评价研究的目的和范围之后，就要建立各个阶段相应的数据清单，并在此基础上进行非粮燃料乙醇生命周期的能量效益、环境影响和经济性评价分析。

3.1　燃料乙醇生命周期能量效益评价模型

3.1.1　模型分析

燃料乙醇生命周期能量系统包括原料生产、原料运输、燃料乙醇生产、燃料乙醇分配、燃料乙醇燃烧和副产品替代 6 个单元过程。根据现有的一些研究成果，将其能量输入、输出及内部能量流动绘制如图 3-6 所示。

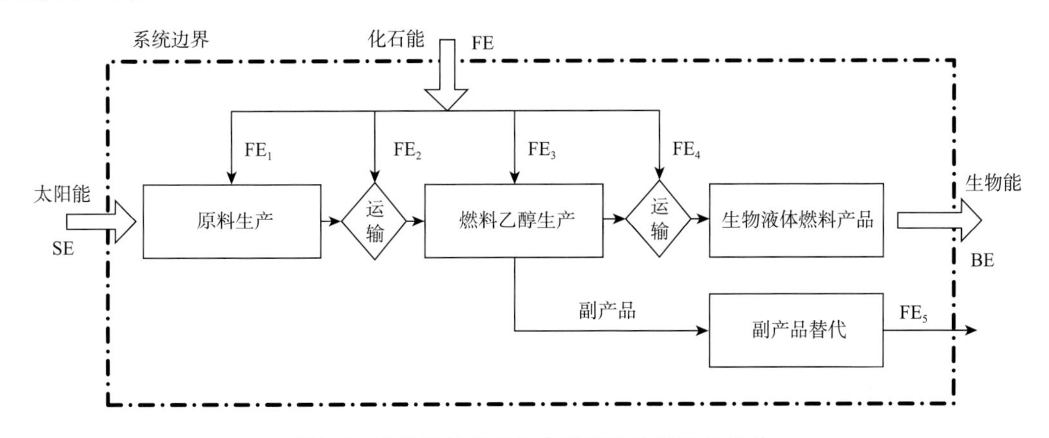

图 3-6　生物液体燃料生命周期系统的能量流动

燃料乙醇生命周期系统能量输入主要包括从能源植物种植到乙醇燃烧的整个生命周期过程中直接或间接消耗的化石能(fossil energy,FE)和太阳能(solar energy,SE)。其中,太阳能作为可再生能源不参与计算。化石能输入直接或间接存在于各个环节中,如能源植物种植过程中的能耗 FE_1(包括种子、农药、化肥、电力和机械燃料等投入的化石能)、燃料乙醇转化过程中的能耗 FE_3(包括热能、电力以及各种工业辅助用能)、运输原料以及燃料乙醇过程中的能耗 FE_2 和 FE_4。能量输出包括乙醇的燃烧热能(biomass energy,BE)和燃料乙醇转化过程中副产品的替代能量 FE_5[151]。

3.1.2 模型建立

1)单位质量能源作物净能量平衡模型

甜高粱、木薯、柳枝稷生产燃料乙醇的净能量分析基于热力学第一定律,研究燃料乙醇生命周期系统的化石能输入(FE)与生物能输出(BE)之间的关系,这一关系可以用净能量盈余(net energy,NE)或能量比(energy ratio,ER)来表示。

净能量盈余(NE)是用燃料乙醇使用所提供的热值减去燃料乙醇生命周期投入的化石能之后的剩余能量与副产品替代能量之和;能量比(ER)是指燃料乙醇提供的能量与燃料乙醇生命周期化石能投入(除去副产品替代能量)之比。

单位质量燃料乙醇的净能量评价模型如下:

(1)净能量盈余(NE)

$$NE = BE - (FE_1 + FE_2 + FE_3 + FE_4 - FE_5) \tag{3-1}$$

式中:BE——生物能输出;

FE_1、FE_2、FE_3、FE_4——燃料乙醇生命周期各单元过程(原料生产、原料运输、乙醇转化和乙醇输配)的能量输入;

FE_5——副产品替代能量。

其中,

$$BE = HCV_{乙醇} \tag{3-2}$$

式中:$HCV_{乙醇}$为燃料乙醇的高热值,其值为 29.66 MJ/kg。

$$FE_1 = \frac{\sum_i (XEI_i \times X_i)}{Y \times x} \tag{3-3}$$

式中:X_i——原料生产过程中消耗物质或能量的数量;

XEI_i——相应物质或能量的能量强度;

Y——原料作物的产量;

x——燃料乙醇转化率。

$$FE_2 = \frac{d_1 \times TE \times H}{Y \times x} \tag{3-4}$$

式中:d_1——原料供应的平均运输距离;

TE_1——运输单位距离、单位重量原料消耗的燃料数量;

H_1——运输燃料的能量强度。

$$FE_3 = \sum_i E_i \times EEI_i \tag{3-5}$$

式中：E_i——燃料乙醇转化过程中各种能量(煤、电及辅助能等)的消耗量；

EEI_i——相应能源的能量强度。

$$FE_4 = d_2 \times TE_2 \times H_2 \tag{3-6}$$

式中：d_2——燃料乙醇输配过程的平均运输距离；

TE_2——运输燃料的消耗强度；

H_2——运输燃料的能量强度。

$$FE_5 = \sum_i (EW_i \times M_i) \tag{3-7}$$

式中：EW_i——燃料乙醇转化过程中产生相应副产品的能量替代系数；

M_i——副产品的产率。

(2)能量比(ER)

$$ER = \frac{BE}{FE_1 + FE_2 + FE_3 + FE_4 - FE_5} \tag{3-8}$$

式中各变量含义同式(3-1)。

以上是以能量流动分析和热力学第一定律为基础建立的基于燃料乙醇生命周期系统的能量效益评价模型。该模型可以定量评价不同生产条件下(作物农业生产水平、燃料乙醇生产工艺和能源利用状况等)的能量可持续性，可以用于评价不同原料生产燃料乙醇的整个生命周期中的能量效益，并可以定量分析生命周期过程中各环节和因素对能量可持续性的影响程度。

2)能源作物净能量生产潜力分析模型

以上述单位质量能源作物净能量平衡模型为基础，本书对使用的以净能量最大化为目标的生物液体燃料生产潜力模型[152,153]进行了改进。基于 GEPIC 模型模拟输出的地理栅格数据，建立以格网单元为基础的非粮燃料乙醇净能量生产潜力分析模型。该方法有效避免了以往研究中在整个研究区采用同一个平均值的问题，能够充分反映非粮燃料乙醇净能量生产潜力的空间差异及分布。

基于地理格网单元的非粮燃料乙醇净能量生产潜力分析模型如下：

$$NE_k = BE \times u_k - \sum_i (XEI_i \times X_i) \times a_k - d_1 \times TE \times H \times u_k \times \eta_k - \sum_i (E_i \times EEI_i) \times u_k \times \eta_k - d_2 \times TE \times H \times u_k + \sum_i (EW_i \times M_i) \tag{3-9}$$

为了便于计算，可以将公式(3-9)简化如下：

$$NE_k = BE_k - FE_{1k} - FE_{2k} - FE_{3k} - FE_{4k} + FE_{5k} \tag{3-10}$$

式中：NE_k——第 k 种作物生产燃料乙醇的净能量盈余(k 为作物种类)；

BE_k——第 k 种作物的生物能输出总量；

FE_{1k}——第 k 种作物生产过程中消耗的能量总量；

FE_{2k}——第 k 种作物原料运输过程中消耗的能量总量；

FE_{3k}——第 k 种作物转化为燃料乙醇的过程中消耗的能量总量；

FE_{4k}——第 k 种作物生产的燃料乙醇输配过程中消耗的能量总量；

FE_{5k}——第 k 种作物转化为燃料乙醇过程中产生的副产品所含的能量；

其中，

$$BE_k = BE \times u_k \tag{3-11}$$

式中：BE——生物能输出（MJ/kg）；

u_k——第 k 种作物转化乙醇的产量（kg）。

$$FE_{1k} = \sum_i (XEI_i \times X_i) \times a_k \tag{3-12}$$

式中：X_i——原料生产过程中消耗第 i 种物质或能量（种子、化肥、柴油等）的数量；

XEI_i——相应物质或能量的能量强度；

a_k——第 k 种作物的宜能边际土地栅格数据单元格面积（hm^2）。

$$FE_{2k} = d_1 \times TE \times H \times u_k \tag{3-13}$$

式中：d_1——第 k 种作物原料供应的平均运输距离（km）；

TE——运输过程中的能量消耗强度（L/kg×km）；

H——能量强度（MJ/L）。

$$FE_{3k} = \sum_i (E_i \times EEI_i) \times u_k \times \eta_k \tag{3-14}$$

式中：E_i——燃料乙醇转化过程中消耗第 i 种能量的数量；

EEI_i——相应能源的能量强度；

η_k——第 k 种作物的乙醇转化率。

$$FE_{4k} = d_2 \times TE \times H \times u_k \times \eta_k \tag{3-15}$$

式中：d_2——燃料乙醇的配送过程的平均运输距离（km）；

$$FE_{5k} = \sum_i (EW_i \times M_i) \tag{3-16}$$

式中：EW_j——燃料乙醇转化过程中产生的第 j 种副产品的能量替代系数；

M_j——相应副产品的产率。

3.2 燃料乙醇生命周期环境影响评价模型

发展生物质能源的主要目标之一是替代部分化石燃料，缓解能源危机。另外一个主要目标即降低化石燃料燃烧造成的环境污染。非粮燃料乙醇生命周期环境影响评价的目的在于，通过建立一系列环境影响类型评价指标体系对生命周期过程潜在的环境影响的类型及其程度进行分析和评价，从而为决策者提供环境影响方面的数据支撑，是整个生命周期评价研究的关键阶段。

燃料乙醇生命周期环境影响类型可以归纳为两大类：资源消耗型和环境污染型。本书主要是对燃料乙醇生命周期的环境影响进行评价，因此，未考虑资源消耗型的影响类型。环境污染型包括五个具体的影响类型：全球暖化潜势、光化学烟雾潜势、酸化潜势、人体毒性潜势及气溶胶潜势。

根据 ISO 14040（2006）标准（环境管理——生命周期评价——原则和框架）以及 ISO 14044（2006）标准（环境管理——生命周期评价——要求和指南），建立了燃料乙醇生命周期环境影响评价模型，如图 3-7 所示。对燃料乙醇生命周期环境影响进行评价，首先需要将燃料乙醇生命周期清单分析结果进行分类、计算，得到各种环境影响类型指数；然后，对环境影响类型指数进行特征化、标准化；最后通过加权合并，得到燃料乙醇环境影响总水平值，从而用于不同原料作物生产燃料乙醇方案进行综合评价、比较和决策。

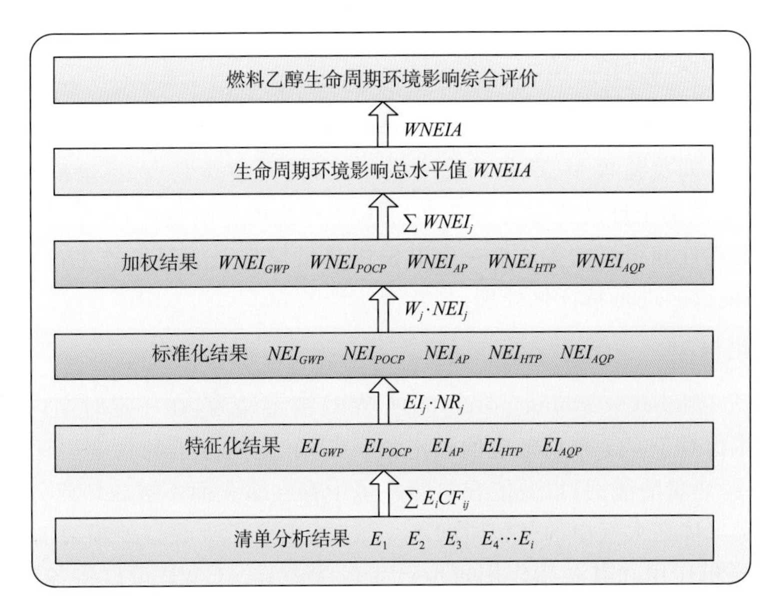

图 3-7　燃料乙醇生命周期环境影响评价模型

（E_i 为燃料乙醇生命周期系统第 i 种环境输入或输出；CF_{ij} 为第 i 种环境输入或输出对第 j 种环境影响类型的当量系数（特征化因子）；EI_j 为第 j 种环境影响类型指数；NR_j 为第 j 种环境影响类型的标准化基准；NEI_j 为第 j 种环境影响类型指数的标准化结果；W_j 为第 j 种环境影响类型的权重因子；$WNEIj$ 为第 j 种环境影响类型指数的加权结果；$WNEIA$ 为生命周期总环境影响指数。其中，GWP 为全球暖化潜势指数；$POCP$ 为光化学烟雾潜势指数；AP 为酸化潜势指数；HTP 为人体毒性潜势指数；AQP 为气溶胶潜势指数。）

3.2.1　燃料乙醇生命周期清单数据归类

清单数据归类是将清单分析中得到的输入和输出数据归到不同的环境影响类型的过程。建立环境问题和产生环境问题的因素之间的直接联系，科学地分析所收集的清单数据，并将其归入不同的环境影响类型中[150]。燃料乙醇生命周期清单数据归类见图 3-8。

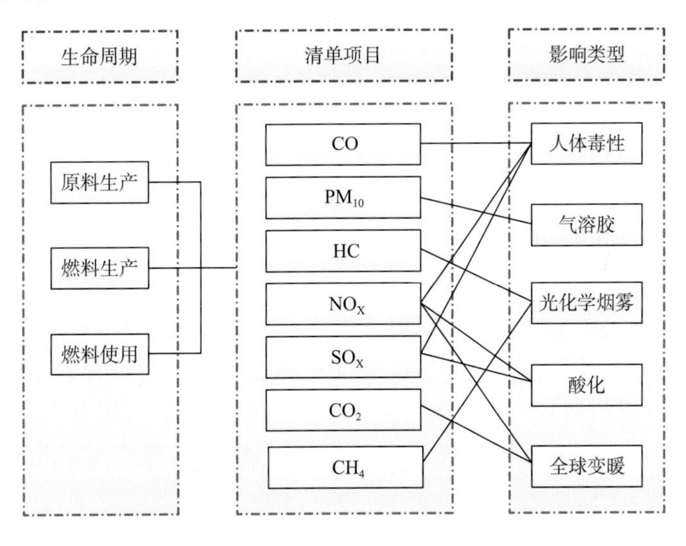

图 3-8　燃料乙醇生命周期清单数据分类

3.2.2 环境影响类型特征化

特征化是指将每一种具体环境影响类型中的不同物质转化和汇总成为统一的单元。特征化的模型种类较多，如负荷模型、剂量—反应模型、当量模型等[150]。当量模型是根据当量系数（如 1 kg N_2O 产生的全球变化效应与 310 kg CO_2 产生的影响相同）来汇总清单上提供的数据的方法，具有客观性和很好的普适性。本书采用当量模型对燃料乙醇生命周期各类污染气体排放产生的环境影响进行特征化处理。

1）全球暖化潜势

全球暖化潜势（global warming potential，GWP）被定义为，在一定时期内（本书采用 100 年）不同温室气体相对于 CO_2 辐射效应的测定值。GWP 是从分子的角度去评价温室气体，包括分子吸收与保持热量的能力，以及能在自然环境中存在多久而不被破坏或分解（大气存留时间）。不同的温室气体在大气中的驻留时间不一致，每个分子吸收红外辐射的能力也不同，因此，每种气体的累积作用和其初始作用可能产生较大差异。GWP 可以将各种温室气体的辐射作用与其大气存留时间结合起来，从而评价温室气体在一定时期内的破坏能力，被认为是衡量温室气体作用强弱最具参考价值的指数。GWP 是以 CO_2 为基准，将 1 kg 二氧化碳使地球变暖能力作为 1，其他物质均以其相对数值来表示。如 10 kg 某种温室气体使地球变暖的能力相当于 1 kg 二氧化碳的能力，其 GWP 值则为 0.1。在本书中，每种能源作物转化为燃料乙醇的生命周期系统中的全球暖化潜势等于各温室气体排放量与对应的温室气体的 GWP 系数的乘积的总和。

$$GWP = \sum_i \beta_i \times DQ_{GWP_i} \tag{3-17}$$

式中：β_i——不同温室气体排放的 GWP 系数；

DQ_{GWP_i}——不同温室气体排放量。

燃料乙醇生命周期系统中排放的各温室气体 GWP 系数如表 3-1 所示。

表 3-1 各温室气体 GWP 系数[154,155]

温室气体种类	CO_2	CH_4	NO_x	N_2O
GWP 系数	1	21	310	270

2）光化学烟雾潜势

光化学烟雾潜势（photochemical ozone creation potential，POCP）是指污染物在强日光、低湿度条件下形成一种强氧化性和刺激性的光化学烟雾的能力。大气中的氮氧化物（NO_x）和碳氢化合物（HC）等一次污染物在阳光照射下发生一系列光化学反应，生成 O_3、PAN，高活性自由基、醛、酮等二次污染物，人们把参与反应过程的这些一次污染物和二次污染物的混合物（气体和颗粒物）所形成的烟雾污染现象，称为光化学烟雾[156]。一般情况下，光化学烟雾的危害大致以 0.2%～0.3% 为界[157]。当光化学烟雾超过该阈值，就会对动植物、建筑、机械乃至人类的生命造成威胁。

污染物形成光化学烟雾的能力通过光化学反应潜能因子，也称光化学烟雾潜势来衡量[150]。光化学烟雾潜势是以化合物乙烯为基准物质（POCP 系数为 1）。其他各类污染物的

POCP 系数为该类污染物引起的光化学烟雾浓度与等质量的乙烯排放引起的光化学烟雾浓度的比值。在本书中，每种能源作物转化为燃料乙醇的生命周期系统中的光化学烟雾潜势等于各类污染物的排放量与对应的 POCP 系数的乘积的总和。

$$POCP = \sum_i \delta_i \times DQ_{POCP_i} \tag{3-18}$$

式中：δ_i——引起光化学烟雾的不同污染物的 POCP 系数；

DQ_{POCP_i}——不同污染物排放量。

燃料乙醇生命周期系统中排放的引起光化学烟雾的主要污染物系数如表 3-2 所示。

表 3-2　各污染物 POCP 系数[155]

污染物类型	乙烯	HC	CH_4	汽油	醇
POCP 系数	1	0.416	0.007	0.398	0.196

3）人体毒性潜势

人体毒性潜势（human toxicity potential，HTP）表示单位污染物质导致人体毒性的能力，用环境中释放 1 kg 污染物质可能污染的人体重量（kg）来表征。人体毒性主要是针对污染物对人体健康的影响而言的，指人体暴露在有毒物质环境中引起的健康问题，如急慢性呼吸道疾病、过敏性疾病以及致癌性中毒等。在本书中，每种能源作物转化为燃料乙醇的生命周期系统中的人体毒性潜势等于各类污染物的排放量与对应的 HTP 系数的乘积的总和。

$$HTP = \sum_i \varepsilon_i \times DQ_{HTP_i} \tag{3-19}$$

式中：ε_i——不同污染物的人体毒性潜势系数；

DQ_{HTPi}——不同污染物的排放量。

燃料乙醇生命周期系统中排放的造成人体毒性的主要污染物系数如表 3-3 所示。

表 3-3　各污染物 HTP 系数[158]

污染物类型	CO	NOx	SOx
HTP 系数	0.012	0.78	1.2

4）气溶胶潜势

气溶胶，又称气胶、烟雾质，是指固体或液体微粒稳定地悬浮于气体介质中形成的分散体系。气溶胶对空气质量的影响包括两方面：一是其中的部分颗粒物上升到高层大气后，被紫外线分解，会释放出氯原子，与臭氧形成新的化合物，从而会严重消耗臭氧；另一方面，其中的可吸入颗粒会长期停留在空气中，会伴随呼吸进入人体内，影响人类身体健康。空气动力学直径小于或等于 10 微米（μm）的颗粒物称为可吸入颗粒物（PM_{10}）；直径小于或等于 2.5 微米的颗粒物称为细颗粒物（$PM_{2.5}$）。本书中采用燃料乙醇生命周期系统中排放的 PM_{10} 数据进行特征化，计算方法如下：

$$AQP = \sum_i DQ_{PM_{10}i} \tag{3-20}$$

式中：$DQ_{PM_{10}i}$——PM_{10} 的排放量。

5）酸化潜势

酸化潜势（acid potential，AP）是指排放的污染物可能导致的酸性降雨的能力。主要是酸性气体(含有大量的二氧化硫(SO_2)、硫化氢(H_2S)或类似污染物)排放到空气中,经过附着和凝结,形成酸雨,对地表的植被、水体以及土壤等产生腐蚀作用,进而影响人类健康。AP是以SO_2为基准,将1 kg二氧化硫对酸雨的贡献能力作为1,其他物质均以其相对数值来表示。在本书中,每种能源作物转化为燃料乙醇的生命周期系统中的酸化潜势等于酸性气体排放量与对应的AP系数的乘积的总和。

$$AP = \sum_i \phi_i \times DQ_{APi} \tag{3-21}$$

式中:ϕ_i——不同酸性气体的AP系数;

DQ_{AP_i}——不同酸性气体的排放量。

燃料乙醇生命周期系统中排放的酸性气体AP系数如表3-4所示。

表3-4 各酸性气体AP系数[155]

酸性气体种类	SO_2	SOx	NOx	H_2S
AP系数	1	2	0.7	1.88

3.2.3 环境影响类型标准化

燃料乙醇生命周期环境影响评价包括的各影响类型的特征化结果之间存在量纲和量级上的差异,之间无法进行比较。环境影响类型标准化是指在特征化的基础上,以一定的标准化基准(全球或全国的环境排放总量或均值)对各具体影响类型进行处理[159],消除它们在量纲和量级上的差异,使其具有统一的单位,以便于不同环境影响类型进行比较分析[160]。本书中以全球人均每年造成的环境影响作为标准化基准,标准化结果为单位数量环境排放影响的人数,各环境影响类型的标准化基准来源于Normalisation figures for environmental life-cycle assessment[159]。

标准化的过程如下:

$$NEI_j = EI_j / NR_j \tag{3-22}$$

式中:NEI_j——第j种环境影响类型指数的标准化结果;

EI_j——第j种环境影响类型特征化结果;

NR_j——第j种环境影响类型的标准化基准。

3.2.4 环境影响类型加权合并

加权是在考虑社会经济以及政治道德等价值因素影响的基础上,对不同环境影响类型的严重性进行排序并赋予各环境影响类型权重因子的过程[160,161]。权重能够表示燃料乙醇生命周期评价过程中,不同环境影响类型对于总体评价目标的重要程度。因此,在评价的过程中要对各影响类型赋予相应的权重,然后将各影响类型标准化后的特征值进行加权合并,得到一个综合的环境总影响水平值。

关于权重确定的研究已经相当之多,如层次分析法(analytical hierarchy process, AHP)[162]、专家确定法(德尔菲法)[163,164]、模糊综合评价法[165]、熵值法[166,167]等。层次分析法是目前发展相对成熟且较为实用的一种权重确定方法。它能在复杂决策过程中引入定量分析,利用较少的定量信息使决策的思维过程定量化,既有效地吸收了定性分析的结果,又发挥了定量分析的优势,使多目标、多准则或无结构特性的复杂决策问题的评估过程更具条理性。而且层次分析法具有很强的兼容性,它可以与德尔菲法、因子分析法、聚类分析法结合

使用[168]。

本书采用夏训峰等[150]利用层次分析法和专家咨询相结合的方法确定的燃料乙醇生命周期中各具体影响类型的权重。首先以可持续发展为目标，把所有具体影响类型归入可持续发展目标下的一组，根据重要性标度的方法，将不同具体影响类型对可持续发展的影响程度进行两两比较，通过专家咨询得到不同具体影响类型对可持续发展影响的重要性标度，形成两两判断矩阵。经判断得到的燃料乙醇生命周期环境影响类型权重值如表 3-5 所示。

表 3-5　燃料乙醇生命周期环境影响类型权重值

影响类型	GWP	POCP	AP	HTP	AQP
权重	0.208	0.158	0.138	0.348	0.148

燃料乙醇生命周期系统中，不同环境影响类型的加权过程如下：

$$WNEI_j = W_j \cdot NEI_j \tag{3-23}$$

式中：W_j——第 j 种环境影响类型的权重值；

NEI_j——第 j 种环境影响类型指数的标准化结果。

3.2.5　总环境影响指数

燃料乙醇生命周期总环境影响指数为各具体影响类型经过特征化、标准化的结果的加权和。计算方法如下：

$$WNEIA = \sum WNEI_j \tag{3-24}$$

式中：$WNEIA$——生命周期总环境影响指数；

$WNEI_j$——第 j 种环境影响类型指数的加权结果。

通过以上环境影响评价模型，可以获得不同非粮作物转化为燃料乙醇的生命周期系统各单元的环境影响总水平值，以便于比较分析，为决策支持提供合理依据。

3.3　燃料乙醇生命周期经济性评价模型

燃料乙醇生命周期经济性评价是我国非粮燃料乙醇规模化发展可持续性评价的重要环节，是决定非粮燃料乙醇作物能否大规模种植应用的关键因素之一。燃料乙醇的生命周期成本主要包括生命周期系统中各个阶段的成本，分别为原料种植、原料收运、燃料乙醇生产、燃料乙醇分配等各个单元的成本投入。燃料乙醇的价值产出采用燃料乙醇的销售价格。为了描述各原料燃料乙醇全生命周期的经济性，采用燃料乙醇价值产出与成本投入的比值——产投比来衡量系统的经济效益。

3.3.1　原料生产及运输成本

燃料乙醇生命周期系统原料生产单元的成本为燃料乙醇生产原料种植过程的成本。包括农药、种子、化肥等原料成本；柴油、电力等能源成本；机械及运输成本以及人力成本等。具体计算公式如下。

1）原料生产过程成本

$$C_1 = C_m + C_e + C_t + C_o = P_{mi}X_{mi} + P_{ei}X_{ei} + (P_{tpi}X_{tpi} + P_{tfi}X_{tfi}Y_{tfi}) + C_o \tag{3-25}$$

式中：C_1——原料生产成本；

C_m——直接原料成本；

Ce——能源成本；

C_e——人力和运输成本；

C_o——其他成本；

P——相应产品价格(如种子、化肥、农药、电力和劳动力等的价格)；

X——数量或劳动天数。

2)原料运输过程成本

原料运输过程成本指的是从原料生产到乙醇生产企业之间的运输过程，即把小麦、玉米、木薯和甘薯等燃料乙醇生产原料运输到乙醇生产的过程。

$$C_2 = P_{r1} + \sum P_i y_i Y_2 \tag{3-26}$$

式中：C_2——运输过程成本；

P_i——第 i 种运输方式的单位距离成本；

y_i——第 i 种运输方式的运输距离；

Y_2——原料运输量。

3.3.2 燃料乙醇生产、运输及销售成本

1)燃料乙醇生产成本

燃料乙醇生产单元是把甜高粱、木薯及柳枝稷等作物加工成燃料乙醇的过程。该生产单元的成本投入包括生产成本、期间成本和副产品收益等。

$$C_3 = C_p - C_i - C_b \tag{3-27}$$

式中：C_3——燃料乙醇生产阶段成本；

C_p——生产成本；

C_i——副产品成本；

C_b——期间费用。

2)运输成本

燃料乙醇燃料生产单元后的运输单元是把燃料乙醇运输到加油站的过程。

$$C_4 = \sum_i P_i y_i Y_3 \tag{3-28}$$

式中：C_4——运输过程输出成本；

P_i——第 i 种运输方式的单位距离成本；

y_i——第 i 种运输方式的运输距离；

Y_3——原料运输量。

3)燃料乙醇销售成本

加油站是燃料乙醇生命周期过程中的销售环节，其成本计算方法与乙醇生产过程的成本计算方法相同。

$$C_5 = C_k + C_q + C_f \tag{3-29}$$

式中：C_k——混配后的成本；

C_q——汽油原料成本；

C_r——期间成本（包括管理、销售等费用）。

3.3.3 价值产投比

为了描述非粮燃料乙醇在其全生命周期内的经济性，以各个生产阶段的资金投入和价值产出来衡量系统的经济效益[169]。本书采用价值产投比来衡量各原料生产燃料乙醇的经济效益。价值产投比（value balance ratio，VBR）被定义为：

$$VBR = V_{out}/V_{in} \tag{3-30}$$

式中：V_{in}——各生产阶段投入的成本；

V_{out}——产品的销售收入；

其中，

$$V_{out} = V_{Et} + V_{Co} \tag{3-31}$$

式中：V_{Et}——燃料乙醇的销售收入；

V_{Co}——副产品的销售收入。

本书中，燃料乙醇的销售价格统一采用5000元/t[169]。

3.4 小结

从能源效益、环境影响等方面对燃料乙醇生命周期进行系统的研究，是确定我国发展非粮燃料乙醇在能源、环境方面可行性的必然途径之一。生命周期评价是一种用于评价产品或系统在其整个生命周期中，即从原材料获取、产品生产、产品使用及使用后处理整个过程中，对环境影响和能量消耗进行分析的技术和方法。

本章利用生命周期评价的方法，从满足我国燃料乙醇产业建设需要出发，建立了非粮原料作物生产燃料乙醇的全生命周期能源效益评价模型、环境影响评价模型以及经济性评价模型。

本书建立了基于燃料乙醇生命周期系统的单位质量能源作物净能量平衡模型，可以用于评价不同原料（甜高粱、木薯、柳枝稷）生产燃料乙醇的整个生命周期中的能量效益，并可以定量分析生命周期过程中各环节和因素对能量可持续性的影响程度。在此基础上，建立了以格网单元为基础的非粮燃料乙醇净能量生产潜力分析模型，该方法有效避免了以往研究中在整个研究区采用同一个平均值的问题，能够充分反映非粮燃料乙醇净能量生产潜力的空间差异及分布。

发展生物质能源的主要目标之一是替代部分化石燃料，缓解能源危机。另外一个主要目标即是降低化石燃料燃烧造成的环境污染。通过建立一系列环境影响类型评价指标体系对生命周期过程潜在的环境影响的类型及其程度进行分析和评价，从而为决策者提供环境影响方面的数据支撑，是整个生命周期评价研究的关键阶段。

本章首先对燃料乙醇生命周期清单分析结果中各类环境污染气体进行分类、计算，得到各种环境影响类型指数。然后，对环境影响类型指数进行特征化、标准化。最后通过加权合并，得到燃料乙醇环境影响总水平值，从而用于不同原料作物生产燃料乙醇方案进行综合评价、比较和决策。

燃料乙醇生命周期经济性评价是我国非粮燃料乙醇规模化发展可持续性评价的重要环节，是决定非粮燃料乙醇作物能否大规模种植应用的关键因素之一。燃料乙醇的生命周期成本主要包括生命周期系统中各个阶段的成本，分别为原料种植、原料收运、燃料乙醇生产、燃料乙醇分配等各个单元的成本投入。为了描述各原料燃料乙醇全生命周期的经济性，本书采用燃料乙醇价值产出与成本投入的比值——产投比来衡量系统的经济效益。

第4章　非粮燃料乙醇发展潜力生命周期评价

4.1　基于糖质原料——甜高粱生产燃料乙醇的生命周期评价

4.1.1　甜高粱生产燃料乙醇的能量效益评价

甜高粱燃料乙醇生命周期系统的能量输入主要包括从能源植物种植到乙醇燃烧的整个生命周期过程中直接或间接消耗的化石能和太阳能。其中，太阳能作为可再生能源不参与计算。甜高粱燃料乙醇生命周期能量系统包括甜高粱种植、甜高粱运输、燃料乙醇生产、燃料乙醇分配、燃料乙醇燃烧和副产品替代6个单元过程。化石能输入直接或间接存在于各个环节中。

本书通过对合作单位能源植物种植基地的调研，查阅国内相关文献资料[170-172]，对甜高粱燃料乙醇生产过程中的物质投入及相应的物质能耗参数进行了全面的汇总和修正。各阶段具体参数投入及数据来源如下。

1)甜高粱种植阶段投入的能量

甜高粱具有很强的抗逆能力，具有抗旱、耐涝、耐盐碱、耐贫瘠等特性。根据我国部分种植甜高粱地区的调研与研究成果[126,137,169,173]，我们将甜高粱种植阶段的肥料、农药、柴油消耗等汇总于表4-1。本书中未考虑种子、灌溉及劳动力的能量投入。

表4-1　甜高粱种植阶段能量投入

投入项目	N肥(kg)	P肥(kg)	K肥(kg)	除草剂(kg)	杀虫剂(kg)	柴油(L)	石灰(kg)	合计
输入数量(unit/hm^2)	211.40	63.20	54.00	5.04	0.75	67.00	28.00	
能量强度(MJ/unit)	46.50	7.03	6.85	266.56	284.82	44.13	7.30	
能量投入(MJ/hm^2)	9830.10	444.30	369.90	1343.46	213.62	2956.71	204.40	15362.48
百分比(%)	63.99	2.89	2.41	8.75	1.39	19.25	1.33	100.00

注：此表中的unit指的是每种能量输入数量的单位，如N肥是kg，柴油是L，由于不同物质的单位不同，所以统一用unit表示。余同。

根据公式(3-3)，我们利用甜高粱种植阶段的物质投入数量及相应的物质能量强度，计算出甜高粱种植阶段的能量投入。

从表4-1中可以看出，甜高粱在种植阶段的总能耗为15362.48 MJ/hm^2。其中，N肥投入占总能耗的比重最高(63.99%)，除了N肥投入量最大的原因外，N肥本身的生产环节耗能也偏高(46.50 MJ/kg)。柴油的能耗为19.25%，居第二位，这部分能耗主要来源于作物种植过程的机械作业以及农户到地块之间短途往返运输。由于P肥、K肥和石灰的能量强度较低，其各自的总能耗也较少。

2)甜高粱运输环节投入的能量

甜高粱生产燃料乙醇的运输环节包括两个部分,第一部分是将甜高粱茎秆运输到乙醇生产厂的过程,运输工具主要采用公路柴油货车。通过对文献的查阅和相关研究的分析发现,甜高粱茎秆储存不当或长距离运输会造成汁液流失,损失糖分。因此,本书结合相关研究,将甜高粱茎秆的运输距离设置为 88 km。运输环节的另一部分是将甜高粱生产的燃料乙醇运输至加油配送站的过程,运输工具采用铁路运输与公路运输相结合的方式。由于铁路运输的能量消耗强度与柴油货车的能量消耗强度相比要小得多,因此,适宜用铁路货运进行长距离运输,再用公路货运就近短距离输配。本书结合相关文献,并借鉴国外相关经验,将铁路运输距离设置为 500 km,公路运输距离设为 100 km。根据我国 2013 年交通统计年鉴,我国铁路运输中内燃机车综合日产量所占比例为 62.36%,电力机车综合日产量所占比例为 37.64%。其中,内燃机车每万吨公里柴油消耗量为 27.3 kg,电力机车每万吨公里电力消耗量为 101.9 kWh。本书采用加权平均的方法计算得出我国铁路运输的平均能源消耗强度为 0.077 MJ/(t·km)。具体运输方式、距离及能量消耗情况见表 4-2。由铁路和公路运输距离、各自的能源消耗强度等计算得出,每吨燃料乙醇及其生产所需原料运输环节的能耗为 3365.9 MJ。

表 4-2　甜高粱茎秆及燃料乙醇运输能量消耗情况

甜高粱燃料乙醇	项目	运输方式	单位	输入量
原料至乙醇生产厂	运输距离	公路	km	88.00
	能量强度	公路	MJ/L	44.13
	燃料消耗强度	公路	L/(t·km)	0.05
	燃料能量消耗强度	公路	MJ/(t·km)	2.21
		铁路		0.077
	原料运输能量投入		MJ/吨原料	194.17
	转化率		吨原料/吨乙醇	16
	折算成乙醇		MJ/吨乙醇	3106.75
乙醇生产厂至分配地	运输距离	公路	km	100.00
		铁路		500.00
	燃料乙醇输配能量投入		MJ/吨乙醇	259.15
合计	运输阶段总能量投入		MJ/吨乙醇	3365.90

3)甜高粱燃料乙醇生产过程投入的能量

甜高粱燃料乙醇的生产过程包括茎秆的预处理、水解和发酵、蒸馏、脱水、糟渣深加工和副产品生产等步骤。得到无水乙醇以后,为了防止其用于饮用或食用,须按照国家标准《车用汽油》(GB 17930-2016),添加变性剂(车用无铅汽油),得到变性燃料乙醇,使其可按规定的比例与汽油混合作为车用点燃式内燃机的燃料。燃料乙醇生产过程中,需要电力、蒸汽、煤炭和热空气投入。同时,生产1 吨燃料乙醇,可同时产生 1.18 吨的固体颗粒燃料,供给 14670.00 MJ 的能量。在甜高粱转化为燃料乙醇的过程中的净能量消耗为 19123.15 MJ。燃料乙醇生产过程中的能量消耗详见表 4-3。

表 4-3　燃料乙醇生产过程中的能量消耗

阶段	能源消耗				副产品供能
	电力（kWh/吨乙醇）	蒸汽（t/吨乙醇）	煤炭（t/吨乙醇）	热空气投入（t/吨乙醇）	固体颗粒燃料（t/吨乙醇）
预处理	95.00				
固体发酵	50.00	0.20			
连续蒸—精馏	25.00	2.40			
分子筛脱水	40.00	1.90			
糟渣深加工	143.00			49.88	
辅助设备	20.00		0.61		
副产品生产	106.00				1.18
变性	7.42				
数量总计	486.42	4.50	0.61	49.88	1.18
能量强度（MJ/t）	3.60	2637.61	29270.00	98.70	14670.00
能量合计（MJ/吨乙醇）	1751.10	11869.25	17889.82	4923.58	17310.60
净能耗（MJ/吨乙醇）	19123.15				

4）甜高粱燃料乙醇分配过程的能耗

燃料乙醇分配是指将燃料乙醇与汽油按一定比例混合，再通过加油机器加入到车辆中的过程。该过程的能量消耗来源主要为电力，该过程能量消耗较少，且过程较简单，通过查阅相关文献，确定单位甜高粱燃料乙醇耗能为 3.20 MJ/吨乙醇。

5）甜高粱生产燃料乙醇的能量效益综合分析

基于本书第 2.3.2 节中甜高粱燃料乙醇的产量空间分布数据以及上述甜高粱种植阶段、运输阶段、燃料乙醇生产及分配阶段的能耗，可以获得甜高粱燃料乙醇全生命周期的能量消耗及净能量盈余空间分布情况，分别如图 4-1 和图 4-2 所示。

从图 4-1 可以发现，单位面积（栅格单元分辨率：1 km^2）甜高粱燃料乙醇全生命周期能量消耗为 311.11 万～1297 万 MJ 不等，从我国中南部地区到北部地区的能耗有逐渐降低的趋势。按照甜高粱燃料乙醇的热值为 29660 MJ/t 计算单位面积燃料乙醇生物能与投入的化石能的盈亏，其中，81.52%的甜高粱宜能边际土地资源生产甜高粱乙醇都将获得净能量盈余，约盈余 0.01 万～150 万 MJ，而 18.48%的宜能边际土地资源上生产甜高粱燃料乙醇将产生能量亏损。这部分资源主要分布于我国东北、内蒙古及云南省部分地区。

通过对各省（区、市）的甜高粱燃料乙醇净能量盈余的统计，可以得到我国各省（区、市）甜高粱燃料乙醇总净能量生产潜力如表 4-4 所示。全国甜高粱燃料乙醇净能量盈余总量为 1.04E+07 万 MJ，其中，贵州省的燃料乙醇生产净能量比重最大，占到 35.18%。陕西、湖北和广西的燃料乙醇生产净能量贡献较为接近，分别为 15.77%、14.64%和 14.41%。内蒙古的甜高粱燃料乙醇生产能耗最高，净能量亏损达 140 亿多 MJ。

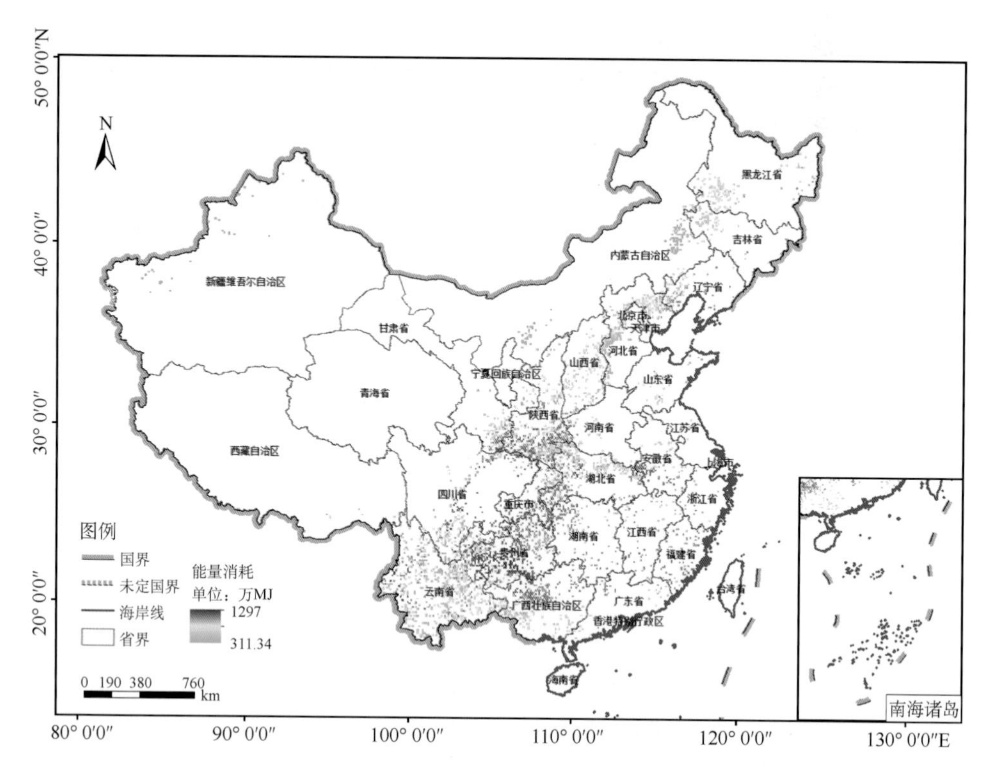

图 4-1 甜高粱燃料乙醇全生命周期能量消耗空间分布

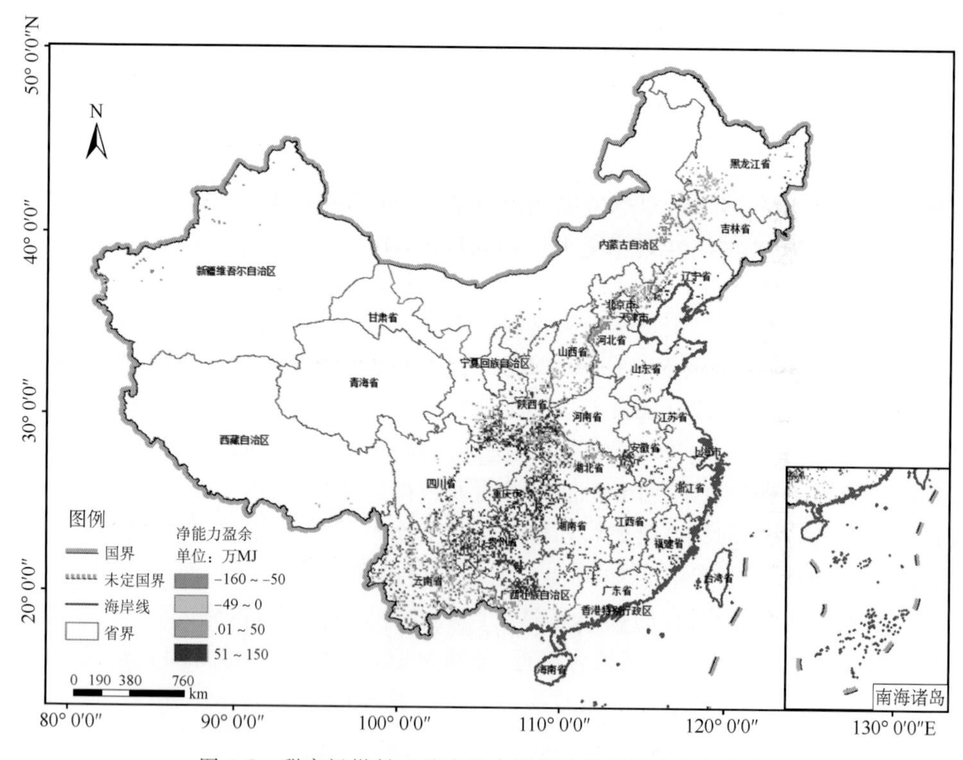

图 4-2 甜高粱燃料乙醇全生命周期净能量盈余空间分布

表 4-4　全国各地区甜高粱燃料乙醇净能量盈余

省份	净能量盈余(万 MJ)	百分比(%)	省份	净能量盈余(万 MJ)	百分比(%)
北京	−67284	−0.65	湖北	1520811	14.63
天津	1541	0.01	湖南	919405	8.84
河北	−813305	−7.82	广东	171607	1.65
山西	−179456	−1.73	广西	1498386	14.41
内蒙古	−1405538	−13.52	重庆	774853	7.45
辽宁	391575	3.77	四川	699500	6.73
吉林	−200288	−1.93	贵州	3658275	35.18
黑龙江	118328	1.14	云南	59038	0.57
江苏	1904	0.02	西藏	−38548	−0.37
浙江	124350	1.20	陕西	1639995	15.77
安徽	612225	5.89	甘肃	181764	1.75
福建	646862	6.22	宁夏	−1962	−0.19
江西	333075	3.20	新疆	−442826	−4.26
山东	99660	0.96	全国	10396778	100
河南	110488	1.06			

4.1.2　甜高粱生产燃料乙醇的环境影响评价

甜高粱燃料乙醇生命周期系统的环境排放是指从甜高粱种植到燃料乙醇分配的整个生命周期过程中各个环节环境排放的总量。根据 3.2 节中建立的燃料乙醇生命周期环境影响评价模型，本书首先根据甜高粱燃料乙醇生产厂的调研结果、国内相关文献资料[174-176]，对我国甜高粱燃料乙醇生命周期各阶段环境排放数据清单进行归类整理，在此基础上，采用当量模型对燃料乙醇生命周期各类污染气体排放产生的环境影响进行特征化、标准化，最后加权合并得到甜高粱生产燃料乙醇的总环境影响指数。

本书对燃料乙醇生命周期各阶段的环境排放清单进行了系统的分析、整理与修正。各阶段主要环境影响物质包括挥发性有机化合物(volatile organic compounds，VOC)、一氧化碳(CO)、二氧化碳(CO_2)、甲烷(CH_4)、氮氧化物(NO_x，N_2O)、硫氧化物(SO_x)以及可吸入颗粒物(PM_{10})。燃料乙醇生命周期各环节投入的物质单位排放量主要参考国内外相关文献及相关模型数据库，具体排放参数见表 4-5。

表 4-5　燃料乙醇生命周期主要投入物质排放参数　　单位：g/t

投入	VOC	CO	NO_X	PM_{10}	SO_X	CH_4	N_2O	CO_2
N 肥	6557.56	1415.60	4912.30	1751.02	8739.40	1634.40	69.10	2170160.00
P 肥	99.70	620.00	2600.00	207.00	644.70	1178.48	14.60	432112.70
K 肥	583.00	316.00	777.00	163.54	3709.00	667.89	7.94	449700.00
除草剂	13861.00	12873.00	96503.00	33091.00	100003.00	31954.00	234.50	23496370.00
杀虫剂	17152.39	19580.30	113028.36	35613.73	105698.21	35395.52	284.93	25316562.39
柴油(L)	1.09	1.77	2.75	0.24	0.02	0.02	0.08	3199.46
电(kWh)	0.01	0.04	0.53	0.05	1.27	0.00	0.01	413.45
煤	26.67	2669.34	5872.00	351.65	16672.43	31.11	21.11	2695731.51
蒸汽	1.44	41.96	170.81	3.02	967.82	207.45	0.58	125710.00

1)甜高粱种植阶段的排放

甜高粱种植阶段的环境排放主要是由农药、化肥以及动力能源引起的。根据甜高粱种植阶段投入各物质的数量(表 4-1)以及各物质对应的排放参数(表 4-5),计算得出甜高粱在种植阶段单位面积所产生的各类物质的排放(表 4-6)。从表中可以看出,N 肥的排放是甜高粱种植阶段的最大贡献者,其次为除草剂和柴油。

表 4-6　甜高粱种植阶段各类物质排放量　单位:g/hm^2

投入	N 肥	P 肥	K 肥	除草剂	杀虫剂	柴油	石灰	合计
VOC	1386.27	6.30	31.48	69.86	12.86	72.87	0.11	1579.76
CO	299.26	39.18	17.06	64.88	14.69	118.68	0.67	554.42
NO_X	1038.46	164.32	41.96	486.38	84.77	184.05	1.86	2001.79
PM_{10}	370.17	13.08	8.83	166.78	26.71	16.36	0.16	602.09
SO_X	1847.51	40.75	200.29	504.02	79.27	1.47	0.23	2673.53
CH_4	345.51	74.48	36.07	161.05	26.55	1.34	0.88	645.87
N_2O	14.61	0.92	0.43	1.18	0.21	5.03	0.01	22.39
CO_2	458771.82	27309.52	24283.80	118421.70	18987.42	214363.82	542.44	862680.53

2)甜高粱运输环节的排放

甜高粱生产燃料乙醇的运输环节包括两部分:原料(甜高粱茎秆)运输阶段和燃料乙醇运输阶段。根据 4.1.1 节中,甜高粱燃料乙醇运输环节的动力能源投入量以及各能源物质对应的排放参数(表 4-5),可分别计算各运输阶段的环境排放情况。

(1)原料运输过程的排放

甜高粱原料运输的过程为公路运输,运输距离为 88 km,燃料消耗强度为 0.05 L/(t·km),根据柴油的排放参数,获得甜高粱原料运输过程的排放见表 4-7。

表 4-7　单位质量甜高粱运输过程排放情况　单位:g/吨甜高粱

	VOC	CO	NO_X	PM_{10}	SO_X	CH_4	N_2O	CO_2
柴油排放	4.79	7.79	12.09	1.07	0.10	0.09	0.33	14077.62

按照甜高粱与燃料乙醇转化率为 16∶1 计算,折算成单位质量燃料乙醇所需的原料,其运输阶段的排放情况见表 4-8。

表 4-8　甜高粱运输过程排放情况　单位:g/吨乙醇

	VOC	CO	NO_X	PM_{10}	SO_X	CH_4	N_2O	CO_2
柴油排放	76.57	124.70	193.39	17.19	1.55	1.41	5.28	225241.98

(2)燃料乙醇运输过程的排放

燃料乙醇运输的过程是指将甜高粱生产的燃料乙醇配送至加油配送站,采用铁路运输与公路运输相结合的方式。其中,公路运输距离为 100 km,铁路运输距离为 500 km。而铁路运输阶段又分为内燃机车运输与电力机车运输两种方式。不同方式的排放情况如表 4-9～表 4-11 所示。

表 4-9　甜高粱燃料乙醇公路运输过程的排放情况　　单位:g/吨乙醇

	VOC	CO	NO_X	PM_{10}	SO_X	CH_4	N_2O	CO_2
柴油排放	5.44	8.86	13.74	1.22	0.11	0.10	0.38	15997.30

表 4-10　甜高粱燃料乙醇内燃机车运输过程的排放情况　　单位:g/吨乙醇

	VOC	CO	NO_X	PM_{10}	SO_X	CH_4	N_2O	CO_2
柴油排放	1.00	1.63	2.53	0.22	0.02	0.02	0.07	2941.90

表 4-11　甜高粱燃料乙醇电力机车运输过程的排放情况　　单位:g/吨乙醇

	VOC	CO	NO_X	PM_{10}	SO_X	CH_4	N_2O	CO_2
电力排放	0.01	0.09	1.15	0.11	2.75	0.01	0.01	896.03

3)甜高粱燃料乙醇生产过程的排放

甜高粱燃料乙醇生产过程的排放主要来源于原料的预处理、水解和发酵、蒸馏、脱水、糟渣深加工和副产品生产等过程中投入的电力、蒸汽和煤等。由于甜高粱燃料乙醇生产过程中产生大量的副产品——固体颗粒燃料，可用于提供电力、热空气等消耗的能量，这部分投入的排放没有参与计算。因此，燃料乙醇生产过程中的环境排放主要以煤炭和蒸汽为主(表 4-12)。

表 4-12　燃料乙醇生产过程中的环境排放情况　　单位:g/吨乙醇

	VOC	CO	NO_X	PM_{10}	SO_X	CH_4	N_2O	CO_2
煤	16.30	1631.50	3588.97	214.93	10190.19	19.01	12.90	1647631.10
蒸汽	6.46	188.84	768.65	13.58	4355.20	933.51	2.59	565695.00

4)甜高粱燃料乙醇分配过程的排放

燃料乙醇分配的过程比较简单，是指将燃料乙醇与汽油按一定比例混合，再通过加油机器加入到车辆中。该过程的排放主要由消耗的 0.0007 kWh/L 电力所产生，见表 4-13。

表 4-13　甜高粱燃料分配过程的排放情况　　单位:g/吨乙醇

	VOC	CO	NO_X	PM_{10}	SO_X	CH_4	N_2O	CO_2
电力排放	0.00	0.04	0.47	0.05	1.12	0.00	0.00	366.73

5)甜高粱燃料乙醇的环境影响综合分析

基于 2.3.2 节中甜高粱燃料乙醇的产量空间分布数据以及上述甜高粱种植阶段、运输阶段、燃料乙醇生产及分配阶段的环境排放，可以获得甜高粱燃料乙醇全生命周期的各类环境影响因素(VOC、CO、NO_X、PM_{10}、SO_X、CH_4、N_2O、CO_2)(图 4-3)及其对应的环境影响类型(全球暖化潜势 GWP、光化学烟雾潜势 POCP、人体毒性潜势 HTP、气溶胶潜势 AQP、酸化潜势 AP)的空间分布情况，如图 4-4～图 4-6 所示。

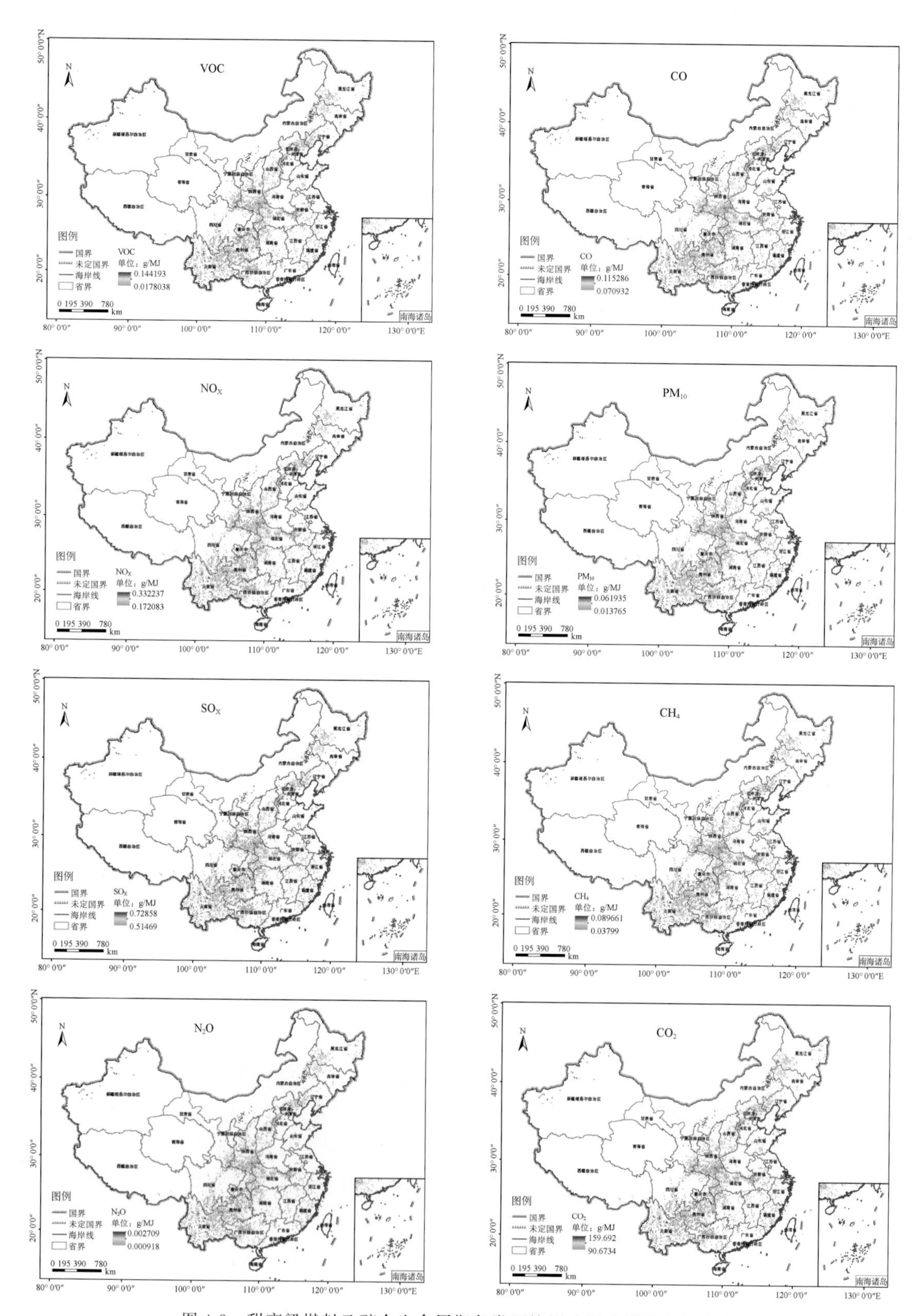

图 4-3 甜高粱燃料乙醇全生命周期各类环境影响因素排放空间分布

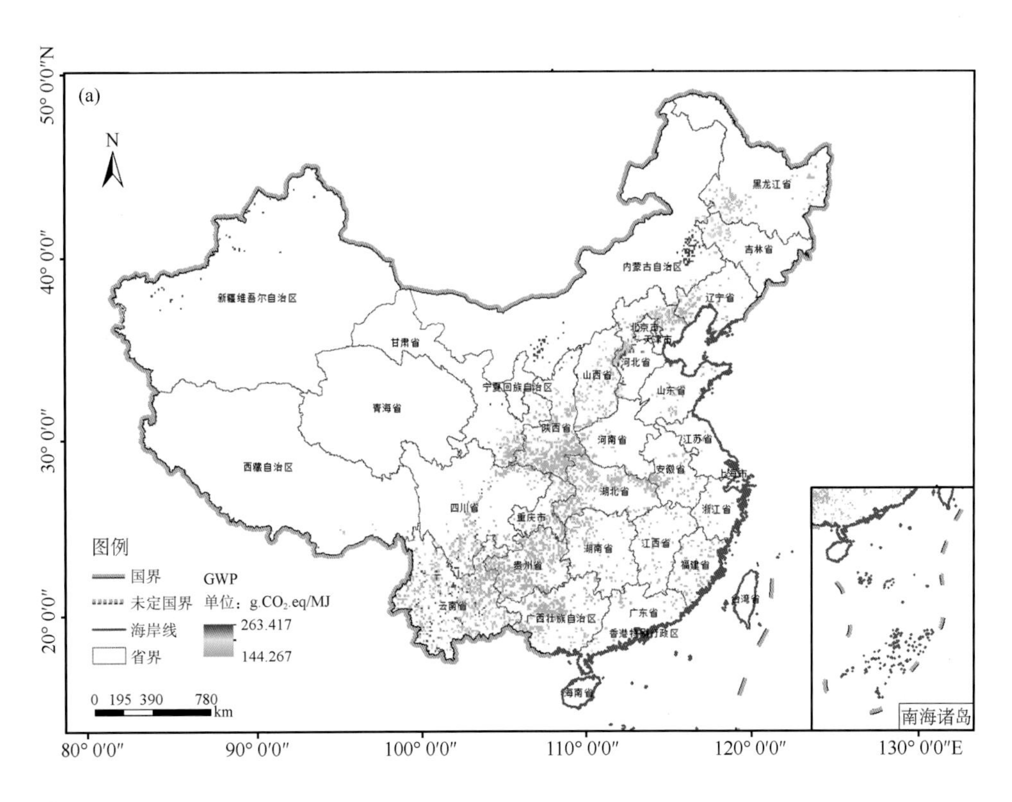

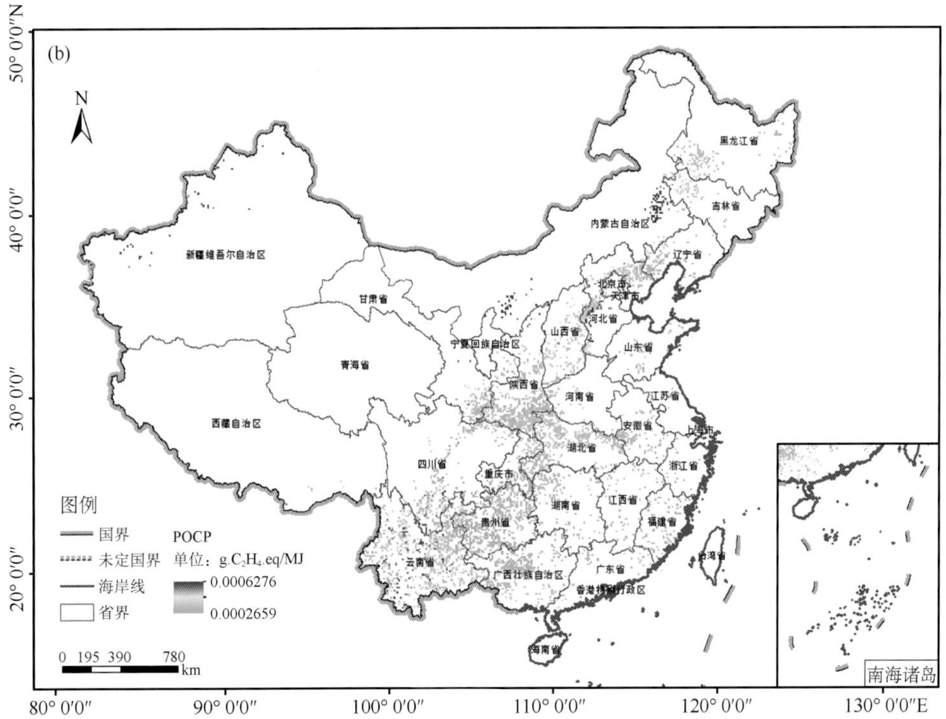

图 4-4　甜高粱燃料乙醇全生命周期全球暖化潜势(a)及光化学烟雾潜势(b)空间分布

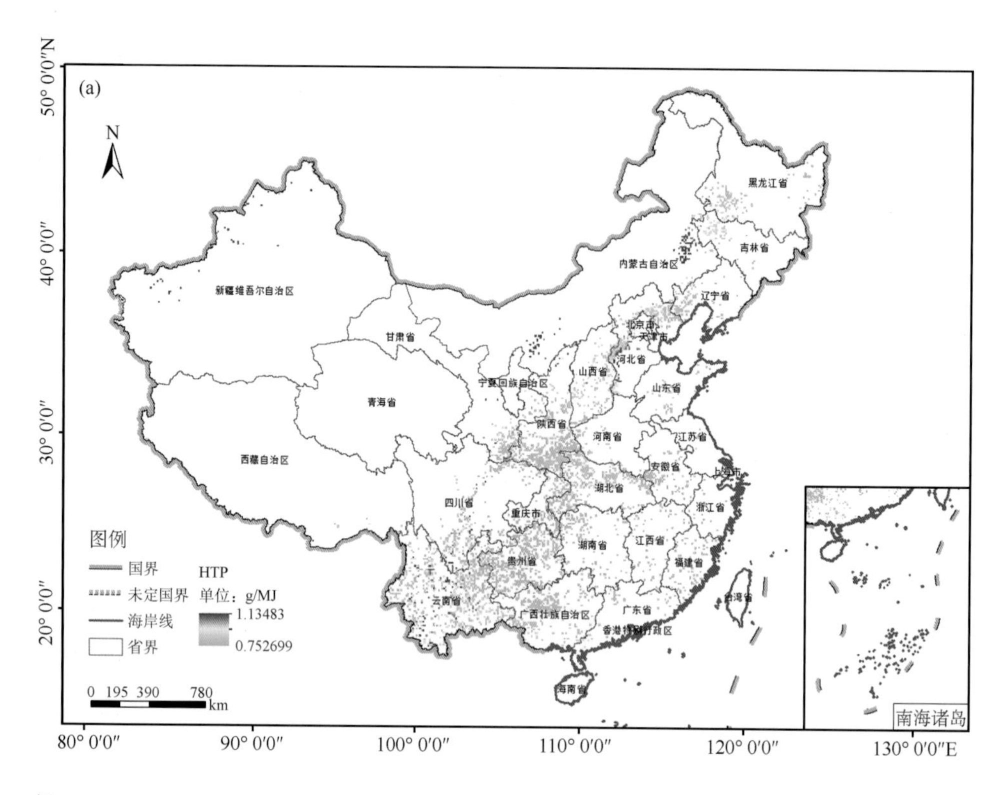

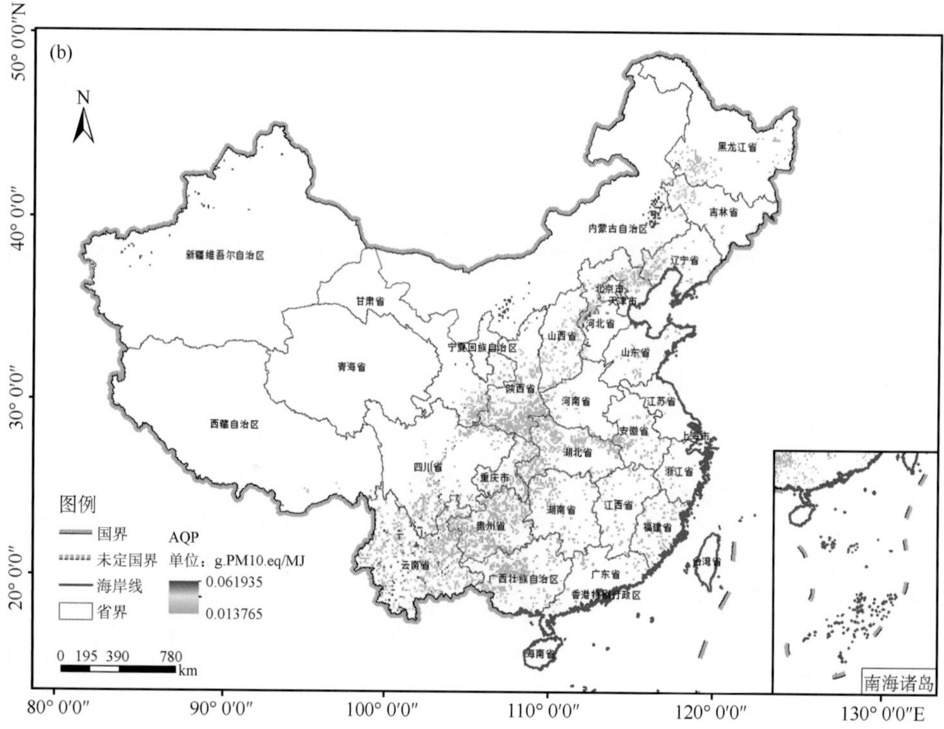

图 4-5　甜高粱燃料乙醇全生命周期人体毒性潜势(a)及气溶胶潜势(b)空间分布

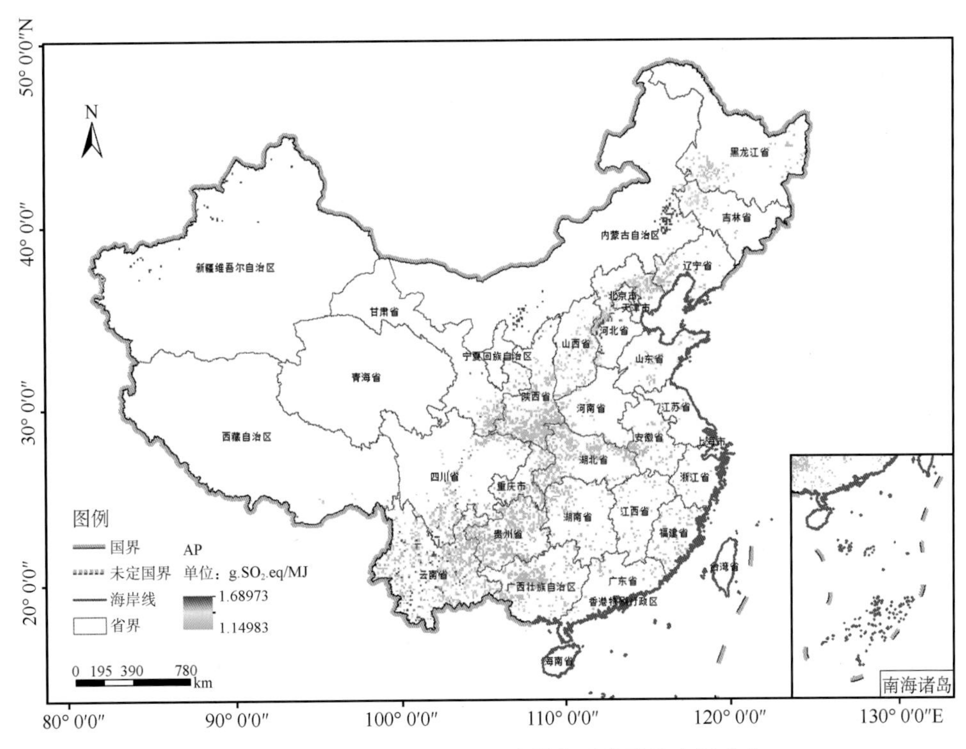

图 4-6　甜高粱燃料乙醇全生命周期酸化潜势空间分布

甜高粱燃料乙醇生命周期环境排放的总量，由于不同地理区域、不同甜高粱燃料乙醇的生产潜力而具有各自不同的空间分布。为了更加直观地体现甜高粱乙醇生命周期环境影响的水平，本书利用我国 2008 年 1：100 万省级行政边界，对各省（区、市）甜高粱燃料乙醇全生命周期的各类环境影响因子及环境影响类型进行了统计分析（表 4-14）。在此基础上，基于 3.2 节中建立的环境影响评价模型，对各环境影响类型进行特征化、标准化、加权合并，从而得到总环境影响指数，以利于不同原料作物、不同生产工艺、不同研究方案等的比较。全国甜高粱燃料乙醇生命周期不同环境影响类型对生命周期总环境影响指数的各自贡献见表 4-14。

表 4-14　甜高粱燃料乙醇全生命周期各地区各环境影响类型总量

省份	GWP(t CO_2eq)	AP(t SO_2eq)	AQP(tPM_{10}eq)	HTP(1,4－DB eq)	POCP(t C_2H_4eq)
北京	1457640	11082.70	187.11	7292.43	2.87
天津	145148	1129.28	16.32	741.18	0.28
河北	24078800	184006.00	3007.44	121007.00	47.12
山西	18250100	140826.00	2157.08	92511.80	35.24
内蒙古	8105900	58415.60	1329.33	38673.50	17.09
辽宁	13226900	103691.00	1417.29	67999.20	24.98
吉林	7912740	60676.60	969.55	39887.30	15.41
黑龙江	15093400	117300.00	1709.28	76996.30	28.86
江苏	1410330	10931.90	162.28	7177.84	2.71
浙江	3392750	26671.80	356.85	17485.70	6.38
安徽	15697600	123520.00	1640.73	80969.70	29.49

续表

省份	GWP(t CO_2 eq)	AP(t SO_2 eq)	AQP(tPM_{10} eq)	HTP(1,4−DB eq)	POCP(t C_2H_4 eq)
福建	14872500	117236.00	1535.78	76835.70	27.86
江西	9980990	78362.40	1058.96	51380.60	18.81
山东	6284130	48994.60	697.55	32149.20	11.96
河南	7338740	57198.60	816.26	37533.80	13.97
湖北	54664800	428236.00	5884.77	280853.00	103.34
湖南	23175600	182411.00	2417.99	119570.00	43.52
广东	6773390	53009.40	733.88	34769.20	12.82
广西	44547600	349788.00	4723.11	229346.00	83.94
重庆	21297200	167408.00	2241.63	109752.00	40.06
四川	40240100	313926.00	4449.53	205977.00	76.53
贵州	78270200	617774.00	8011.31	404830.00	146.37
云南	87396700	677257.00	10072.70	444697.00	167.79
西藏	1005910	7672.76	126.92	5046.85	1.97
陕西	61619700	482489.00	6654.29	316450.00	116.57
甘肃	16423900	127805.00	1845.11	83880.20	31.35
宁夏	59980	403.51	12.42	269.37	0.14
新疆	1429100	9690.86	288.97	6462.83	3.22
全国	584151848	4557913.01	64524.44	2990544.70	1110.65

由表 4-15 可知，全国甜高粱燃料乙醇生命周期总环境影响指数为 37872 人当量（即按本书中甜高粱种植规模发展燃料乙醇，全生命周期环境排放影响的总人数）。甜高粱燃料乙醇生命周期最为显著的环境影响类型为全球变暖潜势（GWP），约影响 16895 人当量。其次为酸化潜势（AP）和人体毒性潜势（HTP），对生命周期总环境影响的贡献分别为 29.59%和 25.22%。气溶胶潜势（AQP）和光化学烟雾潜势（POCP）对生命周期总环境影响的贡献累加起来还不足 1%。

表 4-15　甜高粱燃料乙醇生命周期环境影响类型指数及其标准化与加权处理结果

环境影响类型	环境影响指数(t)	标准化基准(kg)	标准化结果(人当量)	权重因子	加权结果(人当量)	百分比(%)
GWP(CO_2 eq)	584260399.00	7192.98	81226.47	0.21	16895.11	44.61
AP(SO_2 eq)	4558756.84	56.14	81203.36	0.14	11206.06	29.59
AQP(PM_{10} eq)	64536.71	45.30	1424.65	0.15	210.85	0.56
HTP(1,4−DB eq)	2991098.58	109.00	27441.27	0.35	9549.56	25.22
POCP(C_2H_4 eq)	1110.86	16.84	65.97	0.16	10.42	0.03
总环境影响指数					37872.00	100.00

4.1.3　甜高粱生产燃料乙醇的经济性评价

甜高粱燃料乙醇生命周期的成本评价主要包括甜高粱种植、甜高粱运输、燃料乙醇生产及分配 4 个阶段的成本投入。

1)甜高粱种植及运输阶段的成本

甜高粱种植及运输阶段的成本因素包括:租地费用、种植成本(种子、化肥、地膜、农机、灌溉和人工)、收获成本、秸秆处理费用以及运输的油耗和人工费用。该阶段的成本清单主要参考对内蒙古五原地区甜高粱种植情况的调查结果数据[177]。考虑到消费物价指数(consumer price index,CPI)的上涨,本书利用国家统计局公布的CPI,对2010年1月至2015年1月农村居民消费物价指数上升水平进行计算,发现农村物价水平上涨约15.6%,进而对上述参考的调查数据清单[177]进行修正。甜高粱种植及运输阶段的成本清单见表4-16。

从表中可以看出,甜高粱种植及运输的总成本为12781元/hm^2,其中租地费用最高,人工费用其次,两者占到这两阶段总成本的46%。该部分成本折合单位燃料乙醇甜高粱种植及运输成本为2972.21元/吨乙醇。

表4-16　甜高粱种植及运输成本分析

阶段	项目	成本要素	价格(元/hm^2)
甜高粱种植	种植	租地费	3468.00
		种子	867.00
		地膜	564.13
		施肥	1535.17
		农机	1376.80
		灌溉	716.72
		人工工资	2427.60
		其他	43.93
	收获	收割费用	693.60
		绑捆材料费	346.80
甜高粱运输		耗油及人工	742.15
合计			12781.89

2)甜高粱燃料乙醇生产及分配阶段的成本

甜高粱燃料乙醇生产及分配阶段的成本因素包括原料成本、辅料成本、水电成本、人工成本以及设备折旧费等。这里燃料乙醇生产所需的原料成本与甜高粱种植及运输成本是不相等的,这是由于燃料乙醇生产商向农户收购甜高粱茎秆是会在原料成本的基础上增加利润。因此,本书中燃料乙醇生产阶段的原料成本约比甜高粱种植及运输阶段的成本高15%左右。燃料乙醇生产过程中产生的副产品(颗粒燃料)可以抵消一部分生产成本,约1005元/t。从表4-17可以看出,甜高粱燃料乙醇的生产成本约为3836.28元/t。

表4-17　甜高粱燃料乙醇生产和分配成本分析

阶段	项目	成本要素	价格(元/t)
燃料乙醇生产成本	甜高粱秆原料成本		3418.00
	辅料成本	糖化酶等	208.08
	水成本		152.59
	电成本		282.06

续表

阶段	项目	成本要素	价格(元/t)
燃料乙醇生产成本	蒸汽成本		156.75
	人工成本		242.76
	折旧费		369.92
	副产品抵消成本	颗粒燃料	1005.72
燃料乙醇分配	分配成本		12.00
单位乙醇总成本			3836.28

3)甜高粱生产燃料乙醇的产投比

甜高粱生产燃料乙醇的价值产投比是指单位质量燃料乙醇的销售价值与生产单位质量甜高粱燃料乙醇生命周期内各阶段成本投入的比值。燃料乙醇的销售价格统一采用 5000 元/t[169]。甜高粱燃料乙醇生产全生命周期的价值投入为 3836.28 元/t。因此,计算得到甜高粱燃料乙醇的价值产投比为 1.30。

4.2 基于淀粉质原料——木薯生产燃料乙醇的生命周期评价

4.2.1 木薯生产燃料乙醇的能量效益评价

木薯燃料乙醇生命周期系统的能量输入主要包括从能源植物种植到乙醇燃烧的整个生命周期过程中直接或间接消耗的化石能。生命周期能量系统包括木薯种植、木薯运输、燃料乙醇生产、燃料乙醇分配、燃料乙醇燃烧和副产品替代 6 个单元过程。能量输出包括乙醇的燃烧热能和燃料乙醇转化过程中副产品的替代能量。

本书通过对相关研究的调研分析和文献查阅[152,178-180],对木薯燃料乙醇生产过程中的物质投入及相应的物质能耗参数进行了全面的清单分析,并基于燃料乙醇空间分布数据,对木薯种植、运输和木薯燃料乙醇生产、分配等阶段的能量投入进行了统计分析。

1)木薯种植阶段投入的能量

木薯具有抗逆性强、耐旱耐瘠薄等特点,种植经验丰富,适宜在我国南方地区种植。根据我国已有的木薯种植及生产燃料乙醇的经验,参考相关调研与研究成果,我们将木薯种植阶段的肥料、农药、柴油消耗等汇总于表 4-18。本书中未考虑种子、灌溉、劳动力以及木薯晾晒成干片的太阳能能量投入。

表 4-18 木薯种植阶段能量投入情况

投入项目	N 肥 (kg)	P 肥 (kg)	K 肥 (kg)	除草剂 (kg)	杀虫剂 (kg)	柴油 (L)	电力 (kWh)	合计
输入数量(unit/hm²)	100	100	200	0.6	1.2	44	90	
能量强度(MJ/unit)	46.5	7.03	6.85	266.56	284.82	44.13	3.6	
能量投入(MJ/hm²)	4650	703	1370	159.936	341.784	1941.72	324	9490.44
百分比(%)	49.00	7.41	14.44	1.69	3.60	20.46	3.41	100.00

2)木薯运输环节投入的能量

与甜高粱生产燃料乙醇类似,我们将木薯生产燃料乙醇的运输环节分为两部分,第一部分是将木薯干片运输到乙醇生产厂的过程,运输工具主要采用公路柴油货车,运输距离为100 km。第二部分是木薯生产的燃料乙醇运输至加油配送站的过程,运输工具采用铁路运输与公路运输相结合的方式,运输距离分别为500 km和100 km。具体运输方式、距离及能量消耗情况见表4-19。由铁路和公路运输距离、各自的能源消耗强度等计算得出,每吨燃料乙醇及其所用原料/运输环节的能耗为899.04 MJ。

表4-19　木薯及燃料乙醇运输能量消耗情况

木薯燃料乙醇	项目	运输方式	单位	输入量
原料至乙醇生产厂	运输距离	公路	km	100.00
	能量强度		MJ/L	44.13
	燃料消耗强度		L/t·km	0.05
	燃料能量消耗强度		MJ/t·km	2.21
	原料运输能量投入		MJ/吨原料	220.65
	转化率		t原料/吨乙醇	2.90
	折算成乙醇		MJ/吨乙醇	639.89
乙醇生产厂至分配地	运输距离	公路	km	100.00
		铁路	km	500.00
	燃料能量消耗强度	公路	MJ/(t·km)	2.21
	燃料能量消耗强度	铁路	MJ/(t·km)	0.08
	燃料乙醇输配能量投入		MJ/吨乙醇	259.15
合计	运输阶段总能量投入		MJ/吨乙醇	899.04

3)木薯燃料乙醇生产过程投入的能量

木薯燃料乙醇的生产过程包括预处理(粉碎、混合)、液化、糖化、发酵、蒸馏、变性、后处理等步骤。燃料乙醇生产过程中,需要投入电力、蒸汽、煤炭以及酶和酵母等辅料。同时,生产燃料乙醇的同时可产生沼气等副产品,可以替代部分能量。目前,燃料乙醇生产厂均采用热电联产,因此,蒸汽和电力主要来源于工厂自身的燃煤发电,部分蒸汽和电力由发酵过程中产生的副产品(沼气)燃烧提供。在燃料乙醇出厂之前,需要按照国家相关标准,添加变性剂(车用无铅汽油),得到变性燃料乙醇,以防止生产的乙醇被用于饮用或食用。根据表4-20中电力、蒸汽和煤炭的投入及其能量强度计算,木薯生产转化为1 t燃料乙醇过程中的净能耗为15901.23 MJ。

表4-20　燃料乙醇生产过程中的能量消耗

阶段	能源消耗		
	电力(kWh/吨乙醇)	蒸汽(t/吨乙醇)	煤炭(t/吨乙醇)
粉碎、混合	30.29		
液化和糖化	12.98	0.72	
发酵	41.97		
蒸馏	24.28	2.31	

续表

阶段	能源消耗		
	电力(kWh/吨乙醇)	蒸汽(t/吨乙醇)	煤炭(t/吨乙醇)
后处理	70.58	0.79	
辅助设备	19.83	0.07	0.54
变性	7.42		
合计	207.35	3.89	0.54
副产品供给量 FE_5	205.06	3.89	
净消耗	2.29		0.54
能量强度	3.6 MJ/kWh	2637.61 MJ/t	29270 MJ/t
净能耗(MJ/吨乙醇)	8.23		15893
净能耗合计(MJ/吨乙醇)		15901.23	

4)木薯燃料乙醇分配过程的能耗

燃料乙醇分配是指将木薯燃料乙醇与汽油按一定比例混合，再通过加油机器加入到车辆中的过程。该过程的能量消耗来源主要为电力，单位木薯燃料乙醇耗能为 3.2 MJ/吨乙醇。

5)木薯生产燃料乙醇的能量效益综合分析

基于 2.3.2 节中木薯燃料乙醇的产量空间分布，以及木薯在种植阶段、运输阶段、燃料乙醇生产及分配阶段消耗的能量数据，可以获得木薯燃料乙醇全生命周期的能量消耗分布(图 4-7)以及净能量盈余的空间分布情况(图 4-8)。

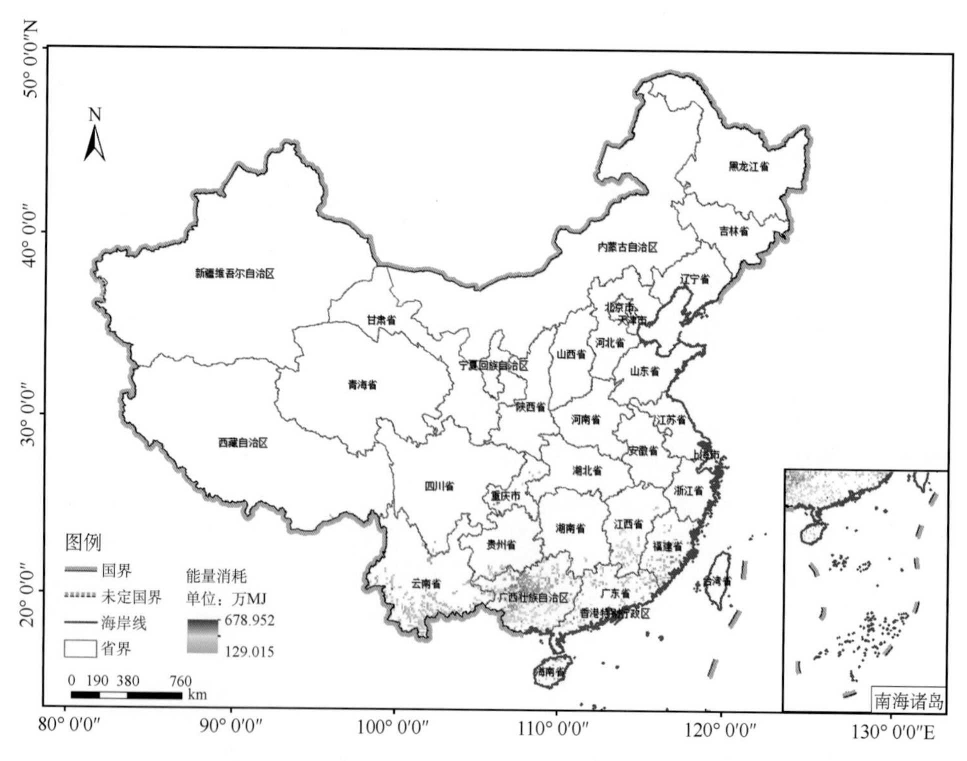

图 4-7 木薯燃料乙醇全生命周期能量消耗空间分布

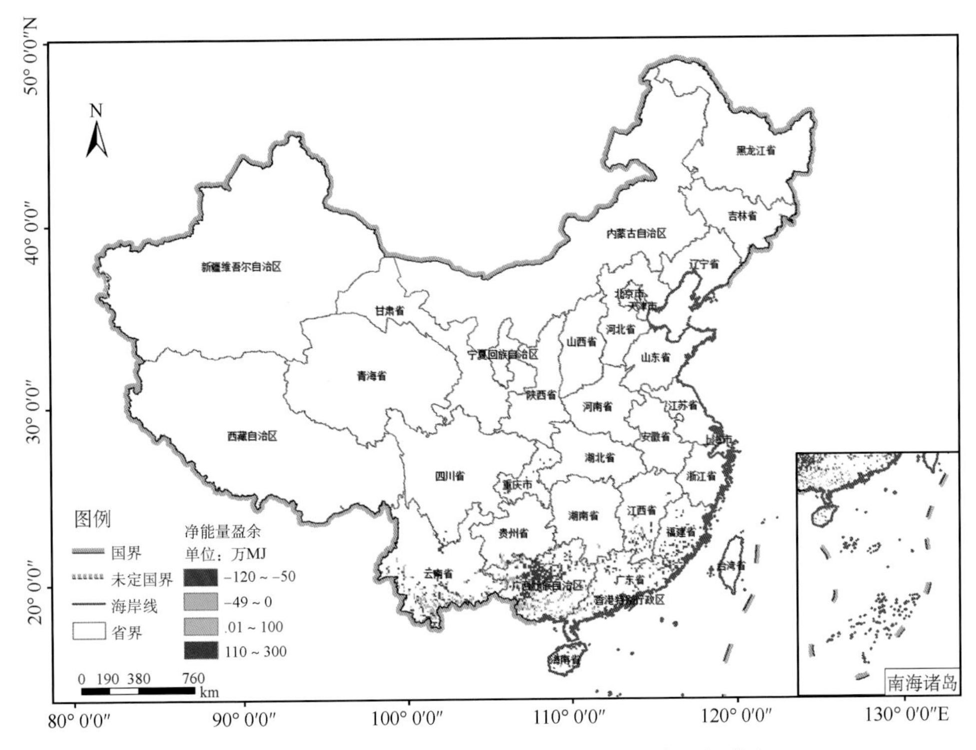

图 4-8　木薯燃料乙醇全生命周期净能量盈余空间分布

通过木薯燃料乙醇生命周期能量消耗的空间分布(图 4-7)可以看出，单位面积木薯燃料乙醇的能耗要低于甜高粱燃料乙醇，范围在 129.02 万～678.95 万 MJ。从整体来看，我国木薯燃料乙醇生产过程的净能量盈余比例较高(图 4-8)。净能量盈余最高值出现在广西壮族自治区。按照燃料乙醇的热值为 29660 MJ/t 计算单位面积燃料乙醇生物能的产出与各阶段投入的化石能差额，结果发现，在木薯种植区，71.66%的边际土地资源上可以获得净能量盈余，最高盈余为 300 万 MJ。

通过对木薯燃料乙醇净能量盈余的统计，可以得到我国各省(区、市)木薯燃料乙醇总净能量生产潜力，见表 4-21。全国木薯燃料乙醇净能量盈余总量为 9.33E+06 万 MJ，其中，广西壮族自治区的燃料乙醇净能量生产比例最高，占到 63.31%。广东省和福建省次之，分别为 16.47%、12.12%。不能满足净能量盈余要求的地区有海南、四川、云南和西藏，而云南省适宜种植木薯的总面积位居广西之后，位列第二，面积比例占到 25.53%。

表 4-21　木薯燃料乙醇净能量盈余情况

省份	净能量盈余(万 MJ)	百分比(%)	省份	净能量盈余(万 MJ)	百分比(%)
福建	1130132.22	12.15	四川	−35665.91	−0.38
江西	651478.69	7.01	贵州	311860.88	3.35
湖南	24721.45	0.27	云南	−150730.27	−1.62
广东	1535679.36	16.51	西藏	−9144.47	−0.10
广西	5904344.71	63.49	全国	9299647.43	100.00
海南	−208409.15	−2.24			
重庆	145379.92	1.56			

4.2.2 木薯生产燃料乙醇的环境影响评价

木薯燃料乙醇生命周期系统的环境排放是指从木薯种植到燃料乙醇分配的整个过程中各个阶段的环境排放的总和。根据3.2节中建立的燃料乙醇生命周期环境影响评价模型，本书首先对我国木薯燃料乙醇生命周期各阶段环境排放数据清单进行归类整理，在此基础上，采用当量模型对燃料乙醇生命周期各类污染气体排放产生的环境影响进行特征化、标准化以及加权合并，得到木薯生产燃料乙醇的总环境影响指数。

本书中对燃料乙醇生命周期各阶段的环境排放清单进行了系统的分析、整理与修正。各阶段主要环境影响物质包括挥发性有机化合物（VOC）、一氧化碳（CO）、二氧化碳（CO_2）、甲烷（CH_4）、氮氧化物（NO_x，N_2O）、硫氧化物（SO_x）以及可吸入颗粒物（PM_{10}）。燃料乙醇生命周期各环节投入的物质单位排放量主要参考国内外相关文献以及相关模型数据库[155,178-181]，具体排放参数见4.1.2节中表4-5。

1）木薯种植阶段的排放

木薯种植阶段的环境排放主要是由农药、化肥以及能源投入引起的。根据木薯种植阶段投入各物质的数量（表4-18）以及各物质对应的排放参数（表4-5），计算得出木薯在种植阶段单位面积所产生的各类物质的排放（表4-22）。从表中可以看出，N肥的排放是木薯种植阶段总排放中的最大贡献者，其次为钾肥和柴油。

表4-22 木薯种植阶段排放情况 单位：g/hm^2

投入	N肥	P肥	K肥	除草剂	柴油	电力	杀虫剂	合计
VOC	655.76	9.97	116.60	8.32	47.85	0.45	20.58	859.53
CO	141.56	62.00	63.20	7.72	77.94	3.69	23.50	379.61
NO_X	491.23	260.00	155.40	57.90	120.87	47.88	135.63	1268.91
PM_{10}	175.10	20.70	32.71	19.85	10.74	4.77	42.74	306.62
SO_X	873.94	64.47	741.80	60.00	0.97	114.12	126.84	1982.14
CH_4	163.44	117.85	133.58	19.17	0.88	0.36	42.47	477.75
N_2O	6.91	1.46	1.59	0.14	3.30	0.45	0.34	14.19
CO_2	217016.00	43211.27	89940.00	14097.82	140776.24	37210.68	30379.87	572631.89

2）木薯运输环节的排放

木薯生产燃料乙醇的运输环节与能量投入情况对应，包括两部分：原料（木薯干片）运输阶段和燃料乙醇运输阶段。根据4.1.2节中，木薯燃料乙醇运输环节的动力能源投入量以及各能源物质对应的排放参数（表4-5），可分别计算各运输阶段的环境排放情况。

（1）原料运输过程的排放

木薯原料运输的过程为公路运输，运输距离为100 km，燃料消耗强度为0.05 L/(t·km)，根据柴油的排放参数，获得木薯干片运输过程的排放见表4-23。

表4-23 单位质量木薯运输过程排放情况 单位：g/吨木薯

	VOC	CO	NO_X	PM_{10}	SO_X	CH_4	N_2O	CO_2
柴油排放	5.44	8.86	13.74	1.22	0.11	0.10	0.38	15997.30

按照木薯与燃料乙醇转化率为2.9∶1计算，折算成单位质量燃料乙醇所需的原料，其运输阶段的排放情况见表4-24。

表4-24 木薯运输过程排放情况 单位：g/吨乙醇

	VOC	CO	NO_X	PM_{10}	SO_X	CH_4	N_2O	CO_2
柴油排放	15.77	25.68	39.83	3.54	0.32	0.29	1.09	46392.17

(2)燃料乙醇运输过程的排放

木薯燃料乙醇运输的过程是指将木薯生产的燃料乙醇运输至加油配送站，采用铁路运输与公路运输相结合的方式。其中，公路运输距离为100 km，铁路运输距离为500 km。而铁路运输阶段又分为内燃机车运输与电力机车运输两种方式。不同方式的排放情况如表4-25～表4-27所示。

表4-25 木薯燃料乙醇公路运输过程的排放情况 单位：g/吨乙醇

	VOC	CO	NO_X	PM_{10}	SO_X	CH_4	N_2O	CO_2
柴油排放	5.44	8.86	13.74	1.22	0.11	0.10	0.38	15997.30

表4-26 木薯燃料乙醇内燃机车运输过程的排放情况 单位：g/吨乙醇

	VOC	CO	NO_X	PM_{10}	SO_X	CH_4	N_2O	CO_2
柴油排放	1.00	1.63	2.53	0.22	0.02	0.02	0.07	2941.90

表4-27 木薯燃料乙醇电力机车运输过程的排放情况 单位：g/吨乙醇

	VOC	CO	NO_X	PM_{10}	SO_X	CH_4	N_2O	CO_2
电力排放	0.01	0.09	1.15	0.11	2.75	0.01	0.01	896.03

3)木薯燃料乙醇生产过程的排放

木薯燃料乙醇生产过程的排放主要来源于原料的预处理、水解和发酵、蒸馏、脱水和副产品生产等过程中投入的电力、蒸汽和煤等。由于副产品燃烧可以抵消蒸汽和部分电力的能量投入，因此，木薯燃料乙醇生产过程中的环境排放主要来源于煤炭和电力消耗(表4-28)。

表4-28 木薯燃料乙醇生产过程中的环境排放情况 单位：g/吨乙醇

	VOC	CO	NO_X	PM_{10}	SO_X	CH_4	N_2O	CO_2
电力	0.01	0.09	1.22	0.12	2.90	0.01	0.01	945.56
煤炭	14.48	1449.45	3188.50	190.95	9053.13	16.89	11.46	1463782.21

4)木薯燃料乙醇分配过程的排放

木薯燃料乙醇分配的过程比较简单，是指将燃料乙醇与汽油按一定比例混合，再通过加油机器加入到车辆中。该过程的排放主要由消耗的0.0007 kWh/L电力所产生，见表4-29。

表4-29 木薯燃料乙醇分配过程的排放情况 单位：g/吨乙醇

	VOC	CO	NO_X	PM_{10}	SO_X	CH_4	N_2O	CO_2
电力排放	0.00	0.04	0.47	0.05	1.12	0.00	0.00	366.73

5)木薯燃料乙醇的环境影响综合分析

基于2.3.2节中甜高粱燃料乙醇的产量空间分布数据以及木薯种植阶段、运输阶段、燃料乙醇生产及分配阶段的环境排放，可以获得木薯燃料乙醇全生命周期的各类环境影响因素(VOC、CO、NO_X、PM_{10}、SO_X、CH_4、N_2O、CO_2)(图4-9)及其对应的环境影响类型(全球暖化潜势GWP、光化学烟雾潜势POCP、人体毒性潜势HTP、气溶胶潜势AQP、酸化潜势AP)的空间分布情况(图4-10～图4-12)。

为了更加直观地表示木薯燃料乙醇生命周期环境影响的水平，本书利用我国2008年1∶100万省级行政边界，对各省(区、市)木薯燃料乙醇全生命周期的各类环境影响因子及环境影响类型的空间分布数据进行了统计分析(表4-30)。在此基础上，基于3.2节中建立的环境影响评价模型，对各环境影响类型进行特征化、标准化并加权合并，从而得到总环境影响指数，以利于不同燃料乙醇生产方案的比较。全国木薯燃料乙醇全生命周期不同环境影响类型对总环境影响指数的各自贡献见表4-31。

表4-30 木薯燃料乙醇全生命周期各地区各环境影响类型总量

省份	GWP(t CO_2eq)	AP(t SO_2eq)	AQP(tPM_{10}eq)	HTP(1,4−DB eq)	POCP(t C_2H_4eq)
福建	5185990	38574.90	640.75	25575.60	3.67
江西	3551140	26165.40	458.46	17364.30	2.79
湖南	255162	1835.12	36.50	1220.85	0.25
广东	8130010	59993.10	1042.48	39807.70	6.29
广西	30230800	223474.00	3845.15	148258.00	22.95
海南	453614	2748.85	105.51	1863.72	1.02
重庆	621319	4641.86	75.16	3076.27	0.42
四川	267500	1798.54	48.18	1205.05	0.40
贵州	1865750	13685.20	245.77	9086.16	1.54
云南	9634430	67084.50	1552.60	44779.50	11.97
西藏	93231	633.53	16.26	423.99	0.13
香港	141002	1040.91	18.05	690.66	0.11
全国	60429948	441675.91	8084.85	293351.79	51.55

表4-31 木薯燃料乙醇生命周期环境影响类型指数及其标准化与加权处理结果

环境影响类型	环境影响指数(t)	标准化基准(kg)	标准化结果(人当量)	权重因子	加权结果(人当量)	百分比(%)
GWP(CO_2eq)	60429948.00	7192.98	8401.24	0.21	1764.26	46.01
AP(SO_2eq)	441675.91	56.14	7867.40	0.14	1101.44	28.72
AQP(PM_{10}eq)	8084.85	45.30	178.47	0.15	26.77	0.70
HTP(1,4−DB eq)	293351.79	109.00	2691.30	0.35	941.96	24.56
POCP(C_2H_4eq)	51.55	16.84	3.06	0.16	0.49	0.01
总环境影响指数					3834.91	100.00

由表4-31可知，全国木薯燃料乙醇生命周期总环境影响指数为3834.91人当量(即按本书中木薯种植规模发展燃料乙醇，全生命周期环境排放影响的总人数)。木薯燃料乙醇生命周期最为显著的环境影响类型为全球变暖潜势(GWP)，约影响1764人当量。其次为酸化潜势(AP)和人体毒性潜势(HTP)，对生命周期总环境影响的贡献分别为28.72%和24.56%。气溶胶潜势(AQP)和光化学烟雾潜势(POCP)对生命周期总环境影响的贡献累计不足1%。

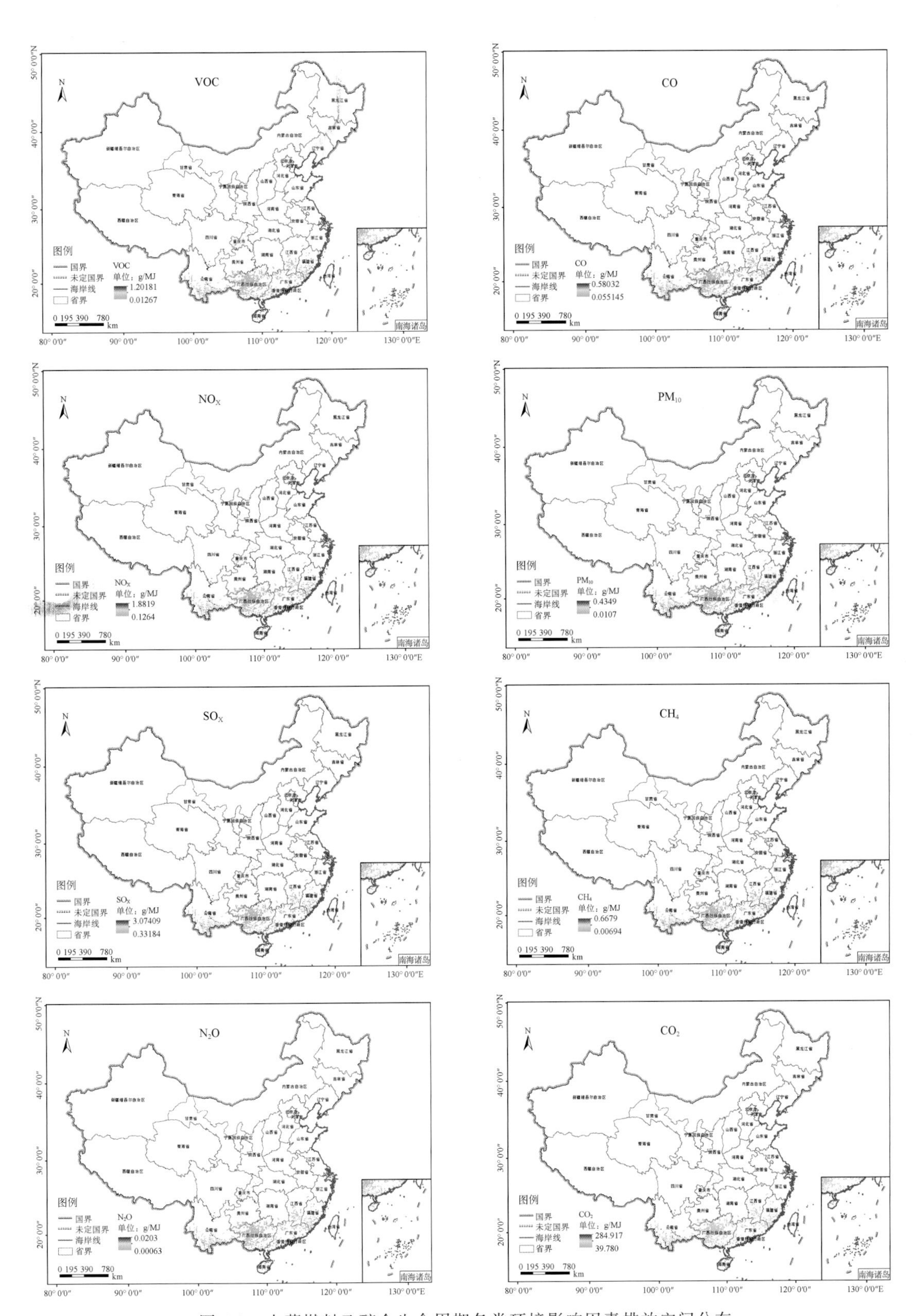

图 4-9　木薯燃料乙醇全生命周期各类环境影响因素排放空间分布

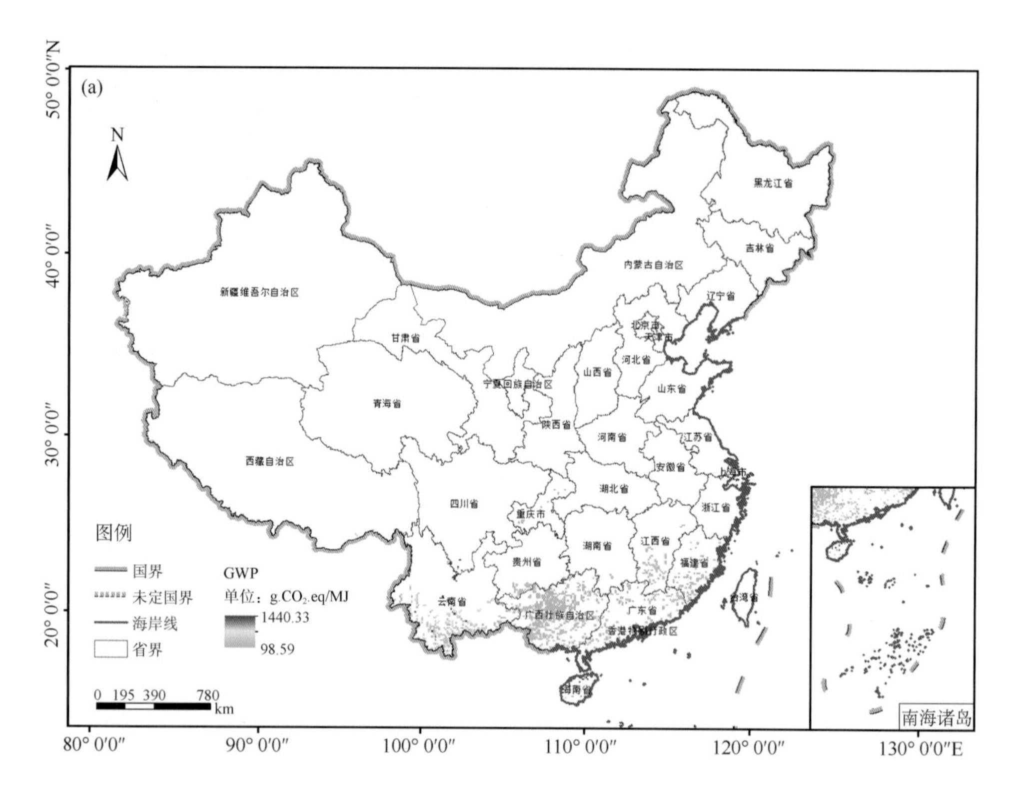

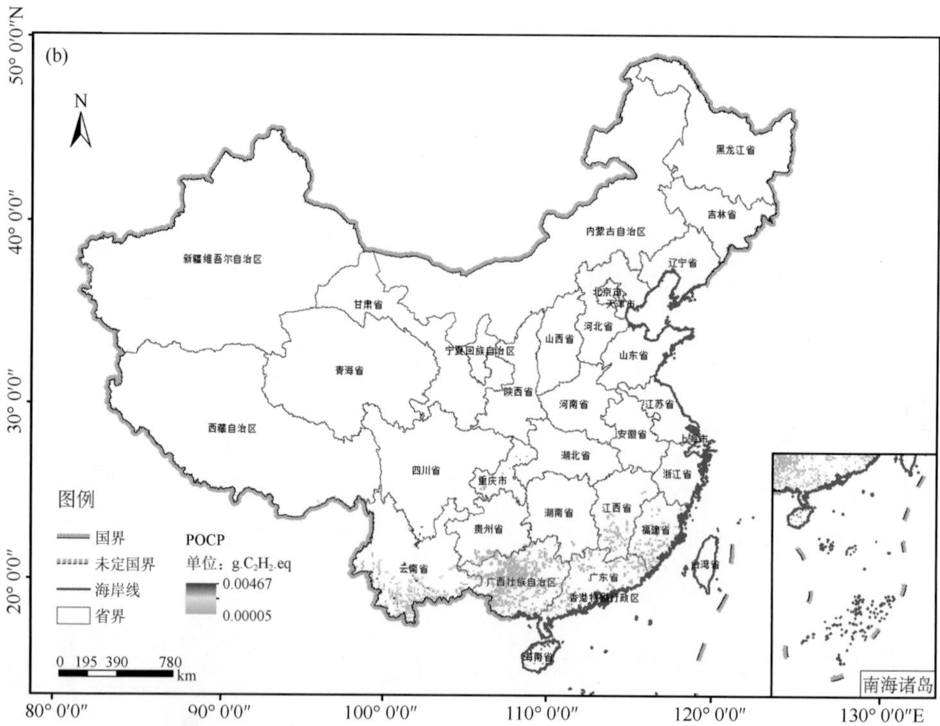

图 4-10 木薯燃料乙醇全生命周期全球暖化潜势(a)及光化学烟雾潜势(b)空间分布

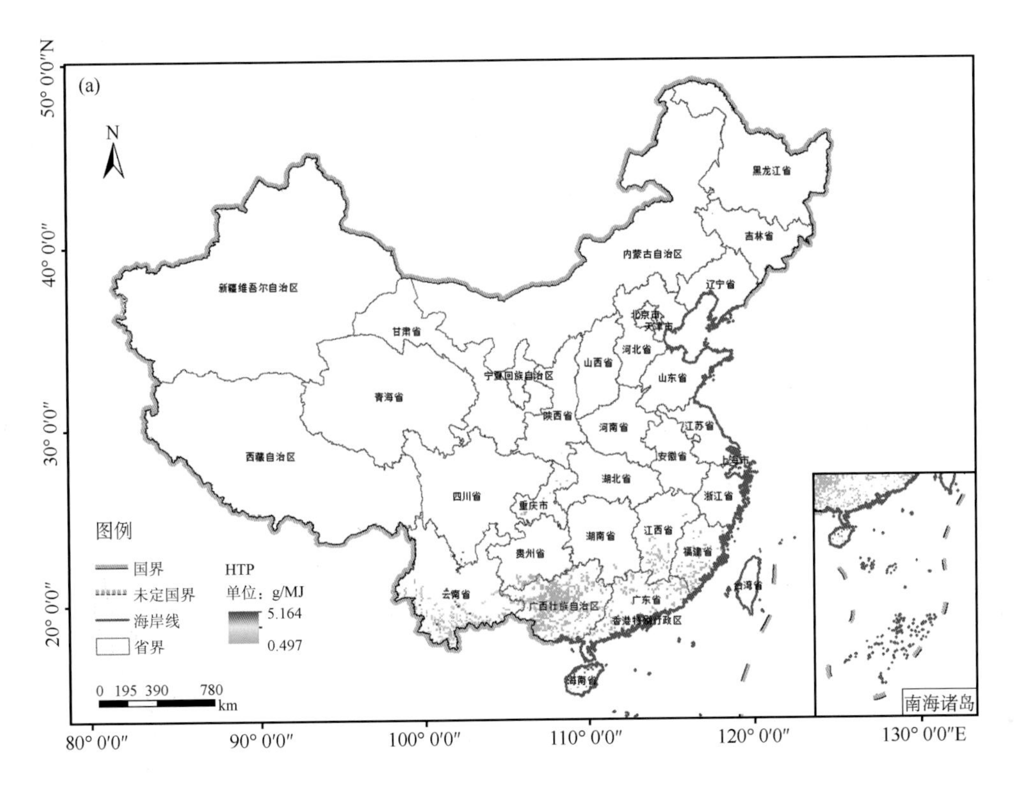

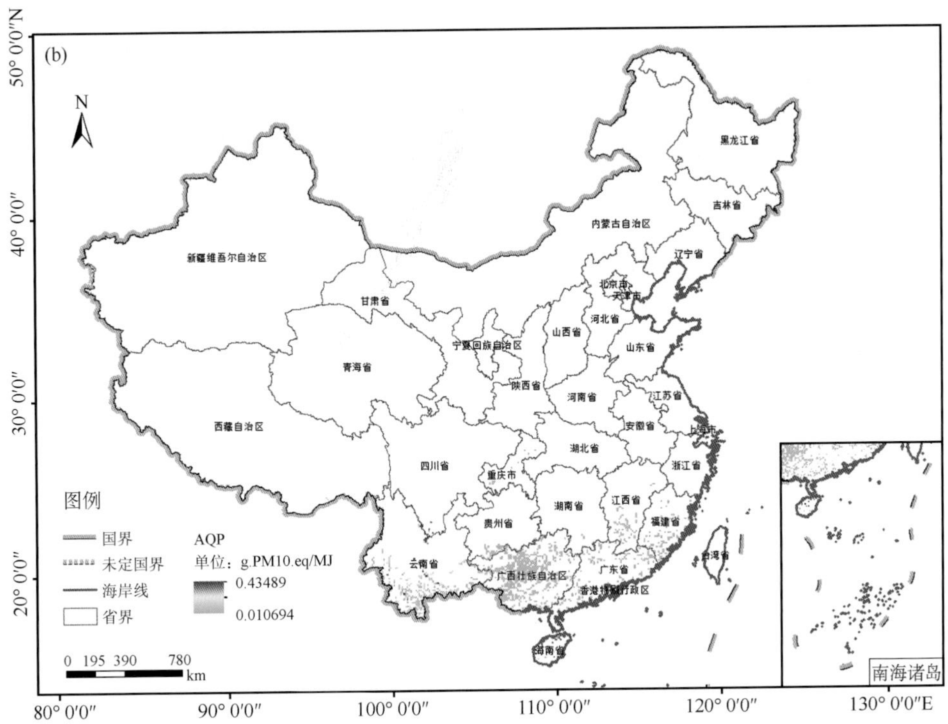

图4-11 木薯燃料乙醇全生命周期人体毒性潜势(a)及气溶胶潜势(b)空间分布

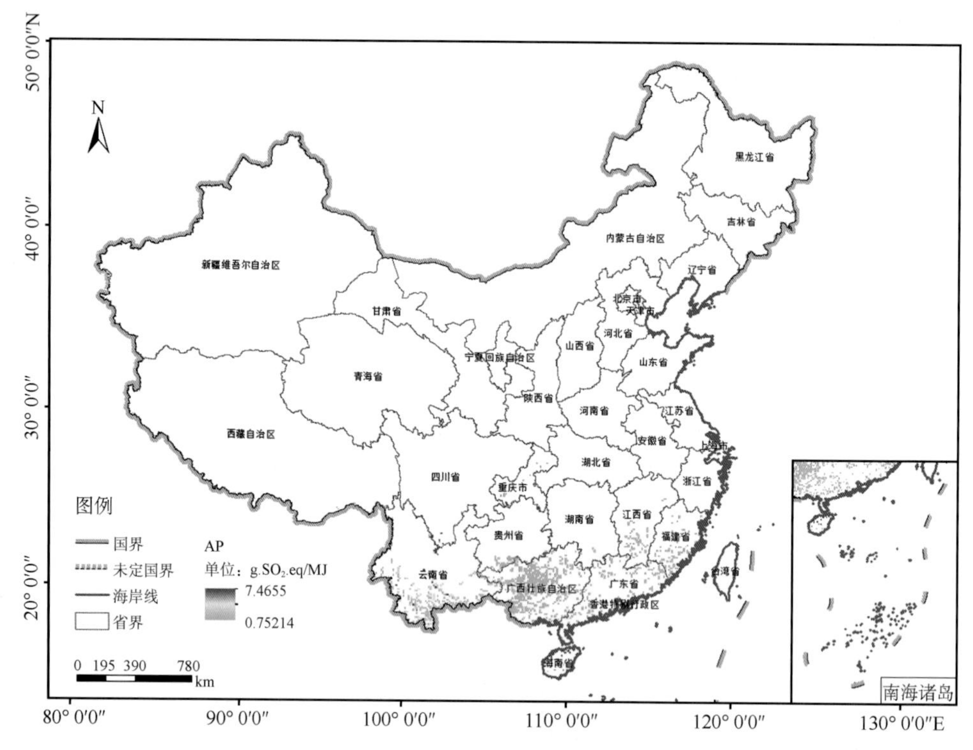

图 4-12 木薯燃料乙醇全生命周期酸化潜势空间分布

4.2.3 木薯生产燃料乙醇的经济性评价

木薯燃料乙醇生命周期的成本评价主要包括木薯种植、运输、木薯燃料乙醇生产及分配各个阶段的成本投入，其经济性用价值产投比来评价。

1）木薯种植及运输阶段的成本

木薯种植及运输阶段的成本因素包括：化肥、农药等原料投入，包装材料，机械动力，耕种以及木薯运输成本等。该阶段的成本清单主要参考张成的木薯干片生产价值投入数据[182]，并根据相关文献资料进行修正。木薯种植及运输阶段的成本清单见表 4-32。

从表中可以看出，木薯种植及运输的总成本为 1675 元/吨乙醇，其中租地费用最高。其次是原材料的投入成本，包括肥料、种苗和农药等。

表 4-32 木薯种植及运输成本分析

项目	成本因素	金额(元/t)
原材料、化工料及辅料		538
	氮肥	20
	磷肥	34
	钾肥	70
	复合肥	150
	除草剂	67
	种苗	167
	包装材料	29

续表

项目	成本因素	金额(元/t)
燃料及动力(电)		2
肥料等运输		207
	木薯运输	5
地租		870
耕种		50
折旧费		8
成本总计		1675

2)木薯燃料乙醇生产及分配阶段的成本

木薯燃料乙醇生产及分配阶段的成本因素包括原料成本、辅料成本、水电成本、人工成本及制造成本等。这里木薯燃料乙醇生产所需的原料成本与甜高粱燃料乙醇类似,按照木薯种植及运输成本占木薯干片成本的85%计算。因此,木薯燃料乙醇生产阶段的原料成本约比木薯种植及运输阶段的成本高15%左右。燃料乙醇生产过程中产生的副产品回收成本,约为1079元/t。从表4-33可以看出,木薯燃料乙醇的生产成本约为3039元/t。

表4-33　木薯燃料乙醇生产和分配成本分析

项目	成本因素	金额(元/t)	合计(元/t)
原材料、化工料及辅料			3103.86
	木薯干片	1969.85	
	汽油	139.36	
	酶、酵母	351.67	
	硫酸	18.04	
	氨水	25.06	
	尿素	12.53	
	辅料	582.73	
	絮凝剂	1.20	
	包装材料	3.42	
进项税			228.95
燃料及动力			146.83
	水	11.42	
	电	1.20	
	煤	134.21	
工资及附加			47.68
制造费用			396.86
	折旧费	171.49	
	维修费用	102.90	
	运费	122.46	
其他费用			193.86
副产品回收			1079.18
	CO_2	759.66	
	DDGS	32.78	
	肥料	286.75	
成本总计			3039

3)木薯生产燃料乙醇的产投比

木薯生产燃料乙醇的价值产投比是指单位质量燃料乙醇的销售价值与生产单位质量木薯燃料乙醇成本投入的比值。燃料乙醇的销售价格统一采用5000元/t[169]。木薯燃料乙醇生产全生命周期的价值投入为3039元/t。因此,计算得到木薯燃料乙醇的价值产投比为1.65。

4.3 基于纤维质原料——柳枝稷生产燃料乙醇的生命周期评价

4.3.1 柳枝稷生产燃料乙醇的能量效益评价

柳枝稷为多年生暖季型的C4类草本植物。氮和水的利用率高,生长迅速,产量高,适应性强。柳枝稷对土壤条件要求不高,具有耐盐碱的特性,pH值在4.4~9.1的范围内均有柳枝稷品种可以生长。柳枝稷燃料乙醇生命周期系统的能量输入主要包括从柳枝稷种植到乙醇燃烧的整个生命周期过程中消耗的化石能。生命周期能量系统包括柳枝稷种植、柳枝稷运输、燃料乙醇生产、燃料乙醇分配、燃料乙醇燃烧和副产品替代6个单元过程。能量输出包括乙醇的燃烧热能和燃料乙醇转化过程中副产品的替代能量。

本书通过查阅文献[155,181,183-192]并进行实地调研,对柳枝稷种植、运输和柳枝稷燃料乙醇生产、分配等阶段的能量投入情况进行汇总,并基于燃料乙醇产量的空间分布数据,对柳枝稷种植阶段的能量投入进行了空间统计分析。

1)柳枝稷种植阶段投入的能量

本书根据合作单位能源植物种植基地的调研与相关文献资料,将柳枝稷种植阶段的肥料、农药、柴油消耗等汇总于表4-34。本书中未考虑种子、灌溉以及劳动力的能量投入。

表4-34 柳枝稷种植阶段能量投入

投入项目	N肥(kg)	P肥(kg)	K肥(kg)	除草剂(kg)	柴油(L)	石灰(kg)	合计
输入数量(unit/hm^2)	80	87	166	13.85	50	150	
能量强度(MJ/unit)	46.5	7.03	6.85	266.56	44.13	7.3	
能量投入(MJ/hm^2)	3720	611.61	1137.1	3691.856	2206.5	1095	12462.066
百分比(%)	29.85	4.91	9.12	29.62	17.71	8.79	100

根据公式(3-3),我们利用柳枝稷种植阶段的物质投入数量及相应的物质能量强度,计算出柳枝稷种植阶段的能量投入。从表4-34中可以看出,柳枝稷在种植阶段的总能耗为12462.066 MJ/hm^2。其中,N肥和除草剂的投入各占总能耗的30%左右。与其他能源植物不同的是,柳枝稷作为能源草,耕种的前三年未形成种类优势时,杂草是影响柳枝稷生物量产量的最重要的因素。因此,在柳枝稷种植的过程中,除了生产环境耗能高的N肥需要大量的能量投入外,除草剂也在总能耗中占了较大份额。柴油的能耗为17.71%,位居第三,这部分能耗主要来源于作物种植过程的机械作业以及农户到地块直接短途往返运输。由于P肥、K肥和石灰的能量强度较低,其各自的总能耗也较少。

2）柳枝稷运输环节投入的能量

柳枝稷生产燃料乙醇的运输环节包含两个部分，第一部分是将柳枝稷运输到乙醇生产厂的过程，运输工具主要采用公路柴油货车，运输距离为160 km。第二部分是柳枝稷生产的燃料乙醇运输至加油配送站的过程，运输工具采用铁路运输与公路运输相结合的方式，运输距离分别为500 km和80 km。具体运输方式、距离及能量消耗情况见表4-35。由铁路和公路运输距离、各自的能源消耗强度等计算得出，柳枝稷及燃料乙醇运输环节的能耗为1760.72 MJ。

表4-35　柳枝稷及燃料乙醇运输能量消耗

柳枝稷燃料乙醇	项目	运输方式	单位	输入量
原料至乙醇生产厂	运输距离	公路	km	160.00
	能量强度		MJ/L	44.13
	燃料消耗强度		L/t・km	0.05
	燃料能量消耗强度		MJ/t・km	2.21
	原料运输能量投入		MJ/吨原料	353.04
	转化率		t原料/吨乙醇	3.85
	折算成乙醇		MJ/吨乙醇	1359.20
乙醇生产厂至分配地	运输距离	公路	km	80.00
		铁路	km	500.00
	燃料能量消耗强度	公路	MJ/(t・km)	2.21
		铁路	MJ/(t・km)	0.45
	燃料乙醇输配能量投入		MJ/吨乙醇	401.52
合计	运输阶段总能量投入		MJ/吨乙醇	1760.72

3）柳枝稷燃料乙醇转化投入的能量

柳枝稷燃料乙醇的生产过程包括预处理、水解和发酵、蒸馏和脱水、废水处理等步骤。燃料乙醇生产过程中，需要投入电力、蒸汽、煤炭以及酶和催化剂等辅料。同时，生产燃料乙醇的同时可产生沼气等副产品，替代部分能量。在燃料乙醇出厂之前，需要按照国家相关标准，添加变性剂（车用无铅汽油），得到变性燃料乙醇，以防止生产的乙醇被用于饮用或食用。根据表4-36中电力、蒸汽和煤炭的投入及其能量强度计算，柳枝稷生产转化为1 t燃料乙醇过程中的净能耗为24750.51 MJ。

表4-36　燃料乙醇生产过程中的能量消耗

阶段	能源消耗			副产品供能
	电(kWh/吨乙醇)	蒸汽(t/吨乙醇)	煤炭(t/吨乙醇)	MJ/吨乙醇
预处理	273.04			
水解和发酵	93.78	1.36		
蒸馏和脱水	114.75	10.81		
废水处理	80.50	1.15		
变性	7.42			
辅助设备				
数量合计	569.48	13.32	0.48	
能量强度	3.6 MJ/kWh	2675.2 MJ/t	29270 MJ/t	

续表

阶段	能源消耗			副产品供能
	电(kWh/吨乙醇)	蒸汽(t/吨乙醇)	煤炭(t/吨乙醇)	MJ/吨乙醇
投入能量合计(MJ/吨乙醇)	2050.14	35636.92	14049.60	
副产品供给能量(MJ/吨乙醇)				26986.14
固体燃料				15843.60
沼气				8057.77
电力				3084.77
净消耗				24750.51

4)柳枝稷燃料乙醇分配过程的能耗

燃料乙醇分配是指将燃料乙醇与汽油按一定比例混合,再通过加油机器加入到车辆中的过程。该过程的能量消耗来源主要为电力,柳枝稷单位燃料乙醇耗能为 3.2 MJ/吨乙醇。

5)柳枝稷生产燃料乙醇的能量效益综合分析

基于 2.3.4 节中柳枝稷燃料乙醇的产量空间分布,以及柳枝稷在种植阶段、运输阶段、燃料乙醇生产及分配阶段能耗数据,可以获得柳枝稷燃料乙醇全生命周期的能量消耗分布(图 4-13)及净能量盈余的空间分布情况(图 4-14)。

通过柳枝稷燃料乙醇生命周期能量消耗的空间分布(图 4-13)可以看出,单位面积柳枝稷燃料乙醇的能耗范围在 268 万~446 万 MJ。由于生产工艺水平限制,纤维素乙醇在我国还没

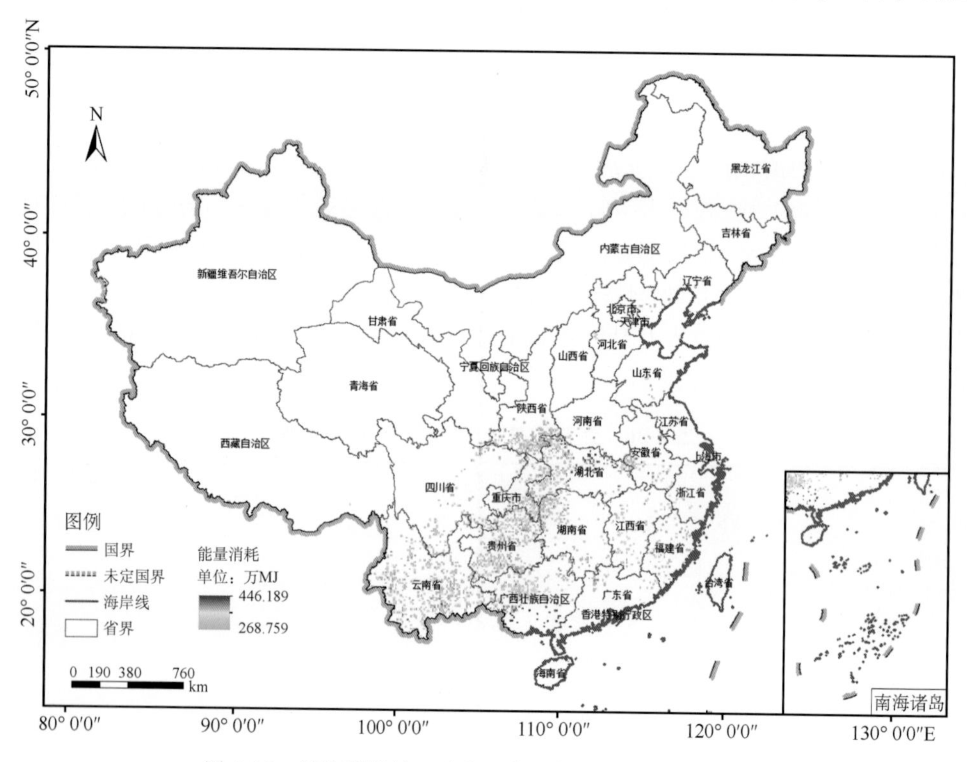

图 4-13 柳枝稷燃料乙醇全生命周期能量消耗空间分布

有实现工业化生产，燃料乙醇生产过程的投入参数均参考国外生产及相关模型数据库清单数据。如按照 Alzate 等描述的生产工艺流程[193]，我国柳枝稷燃料乙醇生产过程的净能量盈余均为正值，净能量生产潜力非常大。

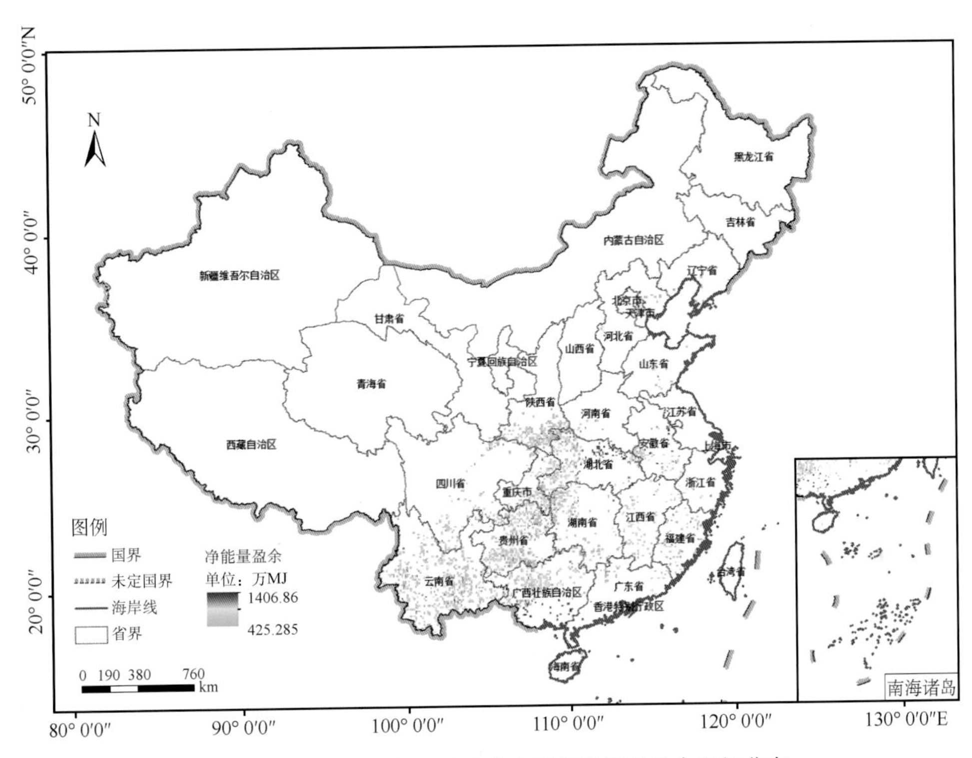

图 4-14　柳枝稷燃料乙醇全生命周期净能量盈余空间分布

通过对柳枝稷燃料乙醇净能量盈余的统计，可以得到我国各省（区、市）柳枝稷燃料乙醇总净能量生产潜力，见表 4-37。全国柳枝稷燃料乙醇净能量盈余总量约为 1.75E+08 万 MJ，其中，云南省燃料乙醇净能量生产比例最高，占到 19.53%。其他净能量生产潜力较高的地区依次为贵州省、湖北省和广西壮族自治区。

表 4-37　柳枝稷燃料乙醇净能量盈余情况

省份	净能量盈余（万 MJ）	百分比（%）	省份	净能量盈余（万 MJ）	百分比（%）
北京	8080.42	0.00	湖南	11607156.11	6.65
河北	682330.68	0.39	广东	2807652.08	1.61
天津	9781.56	0.01	广西	21735601.87	12.45
山西	65579.36	0.04	海南	387943.32	0.22
辽宁	681478.32	0.39	重庆	9722016.66	5.57
江苏	804948.79	0.46	四川	10555414.71	6.05
浙江	898915.28	0.52	贵州	26391061.11	15.12
安徽	6352377.33	3.64	云南	34085902.50	19.53
福建	4889497.63	2.80	西藏	78763.42	0.05
江西	5771847.95	3.31	陕西	11734801.72	6.72
山东	1030652.90	0.59	甘肃	388552.64	0.22
河南	1688022.29	0.97	全国	174529342.46	100.00
湖北	22150963.83	12.69			

4.3.2 柳枝稷生产燃料乙醇的环境影响评价

柳枝稷燃料乙醇生命周期系统的环境排放是指从柳枝稷种植到燃料乙醇分配的整个过程中各个阶段的环境排放的总和。根据3.2节中建立的燃料乙醇生命周期环境影响评价模型，本书首先对我国柳枝稷燃料乙醇生命周期各阶段环境排放数据清单进行归类整理，在此基础上，采用当量模型对燃料乙醇生命周期各类污染气体排放产生的环境影响进行特征化、标准化及加权合并，得到柳枝稷生产燃料乙醇的总环境影响指数。

本书对燃料乙醇生命周期各阶段的环境排放清单进行了系统的分析、整理与修正。各阶段主要环境影响物质包括挥发性有机化合物（VOC）、一氧化碳（CO）、二氧化碳（CO_2）、甲烷（CH_4）、氮氧化物（NO_x，N_2O）、硫氧化物（SO_x）以及可吸入颗粒物（PM_{10}）。燃料乙醇生命周期各环节投入的物质单位排放量主要参考国内外相关文献以及相关模型数据库[144,189-196]，具体排放参数见4.1.2节中表4-5。

1）柳枝稷种植阶段的排放

柳枝稷种植阶段的环境排放主要是由农药、化肥以及能源投入引起的。根据柳枝稷种植阶段投入各物质的数量（表4-34）以及各物质对应的排放参数（表4-5），计算得出柳枝稷在种植阶段单位面积所产生的各类物质的排放（表4-38）。从表中可以看出，对柳枝稷种植阶段总排放贡献较大的物质为N肥和除草剂。

表4-38 柳枝稷种植阶段排放

单位：g/hm^2

投入	N肥	P肥	K肥	除草剂	柴油	石灰	合计
VOC	524.60	8.67	96.78	187.12	54.38	0.59	872.15
CO	113.25	53.94	52.46	173.79	88.56	3.59	485.58
NO_X	392.98	226.20	128.98	1302.79	137.35	9.94	2198.25
PM_{10}	140.08	18.01	27.15	446.73	12.21	0.86	645.04
SO_X	699.15	56.09	615.69	1350.04	1.10	1.23	2723.31
CH_4	130.75	102.53	110.87	431.38	1.00	4.70	781.23
N_2O	5.53	1.27	1.32	3.17	3.75	0.04	15.07
CO_2	173612.80	37593.80	74650.20	317201.00	159973.00	2905.93	765936.73

2）柳枝稷运输环节的排放

柳枝稷生产燃料乙醇的运输环节与能量投入情况对应，包括两部分：原料（柳枝稷干片）运输阶段和燃料乙醇运输阶段。根据4.3.1节中，柳枝稷燃料乙醇运输环节的动力能源投入量以及各能源物质对应的排放参数（表4-5），可分别计算各运输阶段的环境排放情况。

（1）原料运输过程的排放

柳枝稷原料运输的过程为公路运输，运输距离为160 km，燃料消耗强度为0.05 L/(t·km)，根据柴油的排放参数，获得柳枝稷运输过程的排放见表4-39。

表4-39 单位质量柳枝稷运输过程排放情况

单位：g/吨柳枝稷

	VOC	CO	NO_X	PM_{10}	SO_X	CH_4	N_2O	CO_2
柴油排放	8.70	14.17	21.98	1.95	0.18	0.16	0.60	25595.68

按照柳枝稷与燃料乙醇转化率为3.85:1计算，折算成单位质量燃料乙醇所需的原料，其运输阶段的排放情况见表4-40。

表4-40　柳枝稷运输过程排放情况

单位:g/吨乙醇

	VOC	CO	NO_X	PM_{10}	SO_X	CH_4	N_2O	CO_2
柴油排放	33.50	54.56	84.61	7.52	0.68	0.62	2.31	98543.37

(2)燃料乙醇运输过程的排放

燃料乙醇运输的过程是指将柳枝稷生产的燃料乙醇运输至加油配送站，采用铁路运输与公路运输相结合的方式。其中，公路运输距离为80 km，铁路运输距离为500 km。而铁路运输阶段又分为内燃机车运输与电力机车运输两种方式。不同方式的排放情况如表4-41～表4-43所示。

表4-41　柳枝稷燃料乙醇公路运输过程的排放情况

单位:g/吨乙醇

	VOC	CO	NO_X	PM_{10}	SO_X	CH_4	N_2O	CO_2
柴油排放	4.35	7.09	10.99	0.98	0.09	0.08	0.30	12797.84

表4-42　柳枝稷燃料乙醇内燃机车运输过程的排放情况

单位:g/吨乙醇

	VOC	CO	NO_X	PM_{10}	SO_X	CH_4	N_2O	CO_2
柴油排放	1.00	1.63	2.53	0.22	0.02	0.02	0.07	2941.90

表4-43　柳枝稷燃料乙醇电力机车运输过程的排放情况

单位:g/吨乙醇

	VOC	CO	NO_X	PM_{10}	SO_X	CH_4	N_2O	CO_2
电力排放	0.01	0.09	1.15	0.11	2.75	0.01	0.01	896.03

3)柳枝稷燃料乙醇生产过程的排放

柳枝稷燃料乙醇生产过程的排放主要来源于原料的预处理、水解和发酵、蒸馏、脱水和副产品生产等过程中投入的电力、蒸汽和煤等。由于副产品可以提供电力，抵消这一部分能量投入，因此，柳枝稷燃料乙醇生产过程中的环境排放主要来源于煤炭和蒸汽消耗(表4-44)。

表4-44　柳枝稷燃料乙醇生产过程中的环境排放情况

单位:g/吨乙醇

	VOC	CO	NO_X	PM_{10}	SO_X	CH_4	N_2O	CO_2
煤炭	15.47	1548.22	3405.76	203.96	9670.01	18.04	12.24	1563524.28
蒸汽	22.00	642.89	2616.82	46.23	14827.02	3178.08	8.81	1925877.20

4)柳枝稷燃料乙醇分配过程的排放

燃料乙醇分配的过程比较简单，是指将燃料乙醇与汽油按一定比例混合，再通过加油机器加入到车辆中。该过程的排放主要由消耗的0.0007 kWh/L电力所产生(表4-45)。

表4-45　柳枝稷燃料乙醇分配过程的排放情况

单位:g/吨乙醇

	VOC	CO	NO_X	PM_{10}	SO_X	CH_4	N_2O	CO_2
电力排放	0.00	0.04	0.47	0.05	1.12	0.00	0.00	366.73

5)柳枝稷燃料乙醇的环境影响综合分析

基于2.4.3节中柳枝稷燃料乙醇的产量空间分布数据以及柳枝稷种植阶段、运输阶段、燃料乙醇生产及分配阶段的环境排放,可以获得柳枝稷燃料乙醇全生命周期的各类环境影响因素(VOC、CO、NO_X、PM_{10}、SO_X、CH_4、N_2O、CO_2)(图4-15)及其对应的环境影响类型(全球暖化潜势GWP、光化学烟雾潜势POCP、人体毒性潜势HTP、气溶胶潜势AQP、酸化潜势AP)的空间分布情况(图4-16~图4-18)。

本书利用我国2008年1:100万省级行政边界,对各省(区、市)柳枝稷燃料乙醇全生命周期的各类环境影响因子及环境影响类型的空间分布数据进行了统计分析(表4-46)。在此基础上,基于3.2节中建立的环境影响评价模型,对各环境影响类型进行特征化、标准化及加权合并,从而得到总环境影响指数,以利于不同燃料乙醇生产方案的比较。全国柳枝稷燃料乙醇生命周期不同环境影响类型对总环境影响指数的各自贡献见表4-47。

表4-46 柳枝稷燃料乙醇全生命周期各地区各环境影响类型总量

省份	GWP(t CO_2 eq)	AP(t SO_2 eq)	AQP(t PM_{10} eq)	HTP(1,4-DB eq)	POCP(t C_2H_4 eq)
北京	28089	58.15	2.75	46.78	0.11
天津	34002	70.39	3.33	56.63	0.14
河北	2128320	4238.26	187.16	3436.47	8.58
山西	198392	390.34	16.85	317.28	0.80
辽宁	2255210	4590.30	210.88	3705.53	9.08
江苏	2236860	4244.28	170.16	3476.02	9.04
浙江	2644820	5144.78	217.17	4191.62	10.67
安徽	18207200	35024.30	1445.36	28601.80	73.52
福建	14617800	28623.50	1224.08	23288.70	58.98
江西	17087700	33325.50	1413.92	27136.90	68.96
山东	3068510	5998.31	255.66	4882.07	12.38
河南	4757460	9084.32	369.15	7430.01	19.22
湖北	63569800	122354.00	5054.96	99906.10	256.68
湖南	34649100	67805.50	2896.22	55175.10	139.80
广东	8296640	16168.00	684.92	13167.70	33.48
广西	62368600	120034.00	4958.47	98013.20	251.83
海南	1094740	2091.57	85.09	1710.48	4.42
重庆	28570000	55547.30	2342.35	45261.00	115.31
四川	31664700	62089.80	2662.48	50503.10	127.75
贵州	78540300	153504.00	6540.54	124942.00	316.91
云南	102207000	200376.00	8589.29	162990.00	412.35
西藏	227308	438.56	18.21	357.92	0.92
陕西	35699400	70397.30	3051.78	57194.00	143.99
甘肃	1203560	2390.26	105.02	1939.14	4.85
全国	515355511	1003988.72	42505.80	817729.55	2079.78

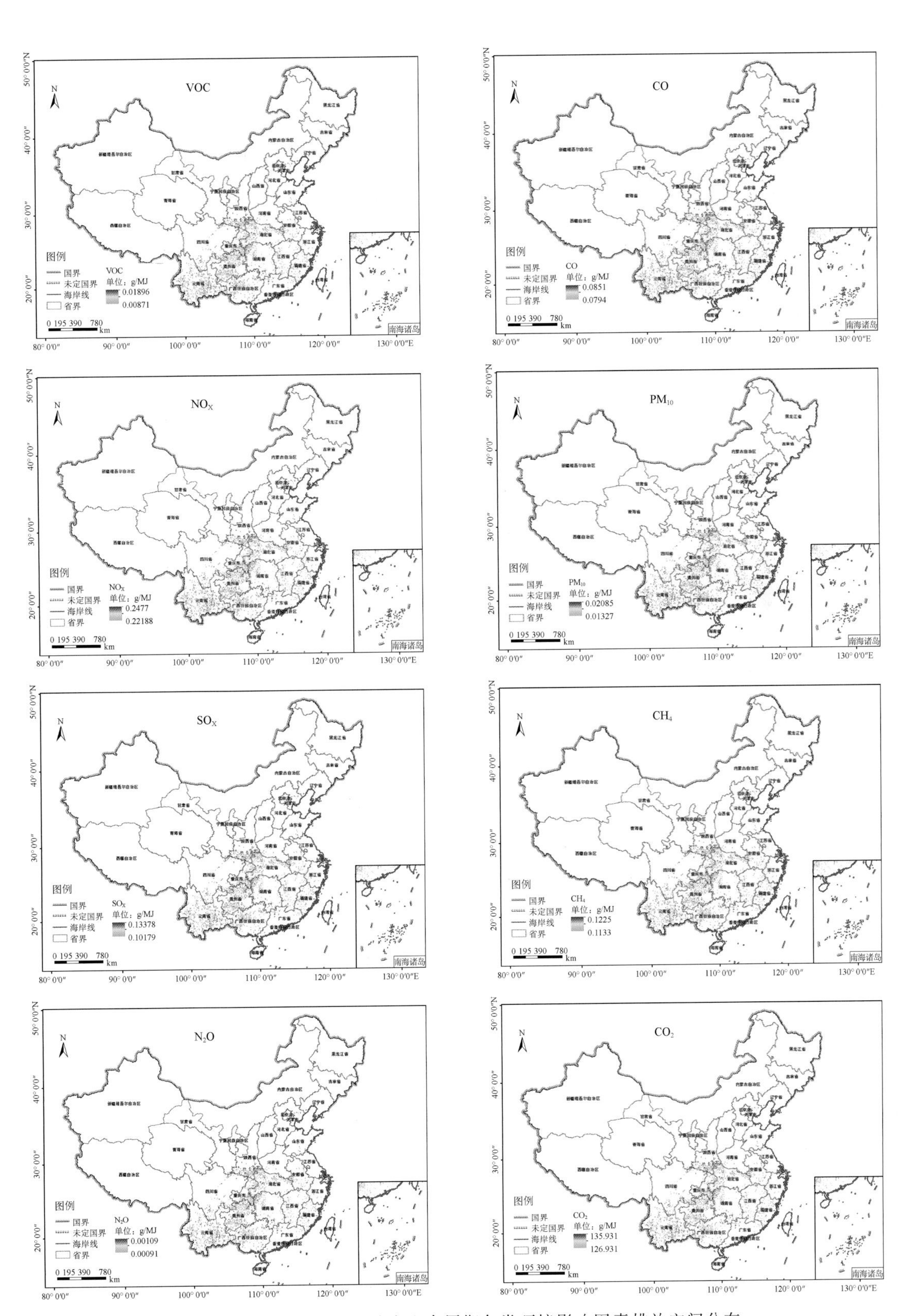

图 4-15　柳枝稷燃料乙醇全生命周期各类环境影响因素排放空间分布

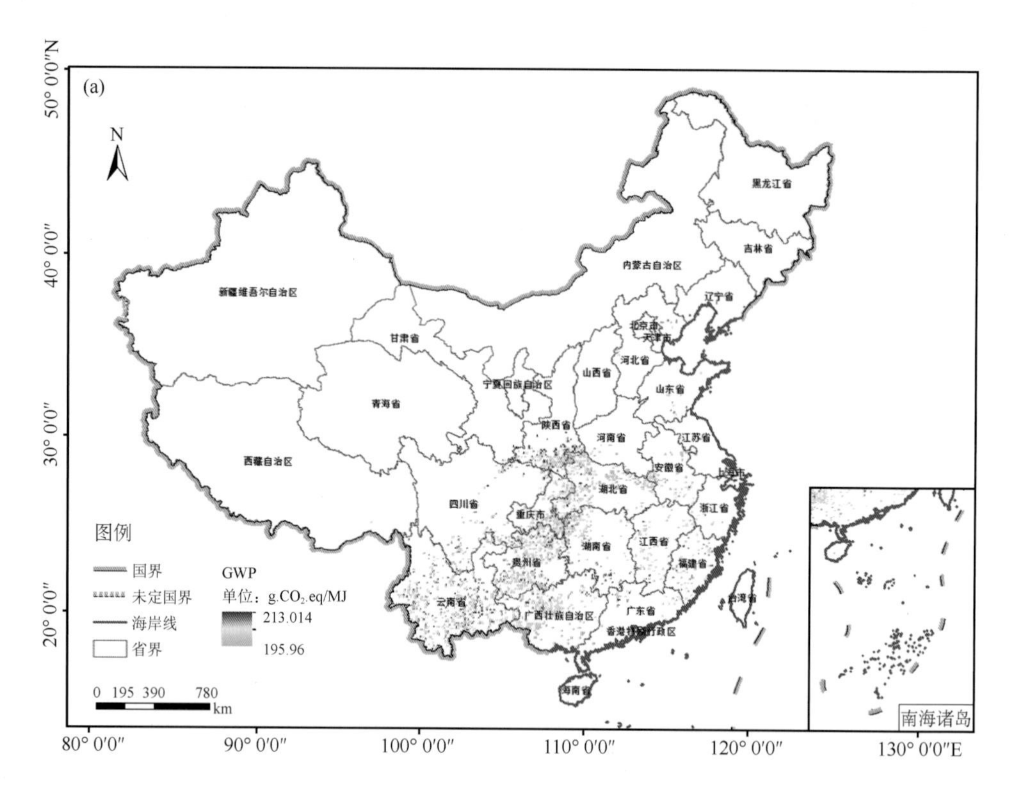

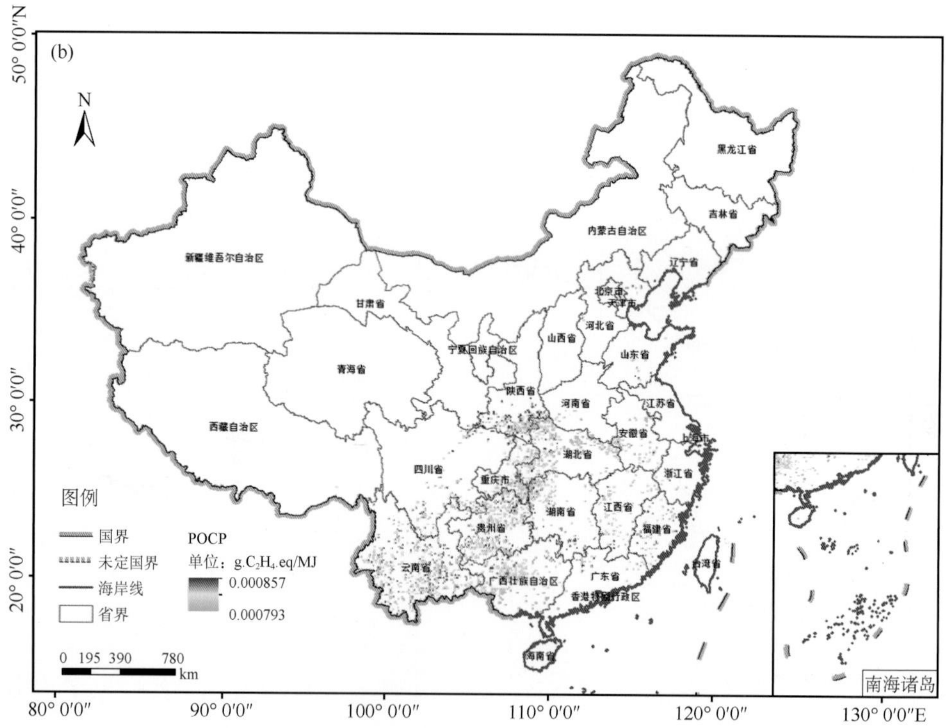

图 4-16　柳枝稷燃料乙醇全生命周期全球暖化潜势(a)及光化学烟雾潜势(b)空间分布

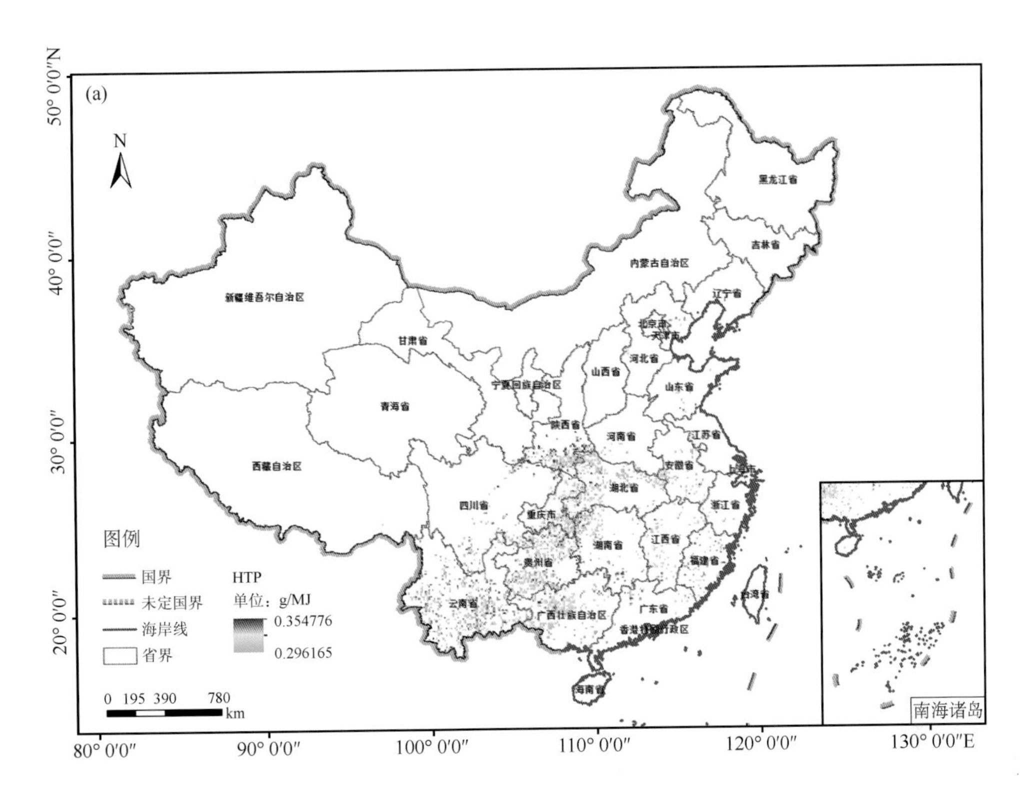

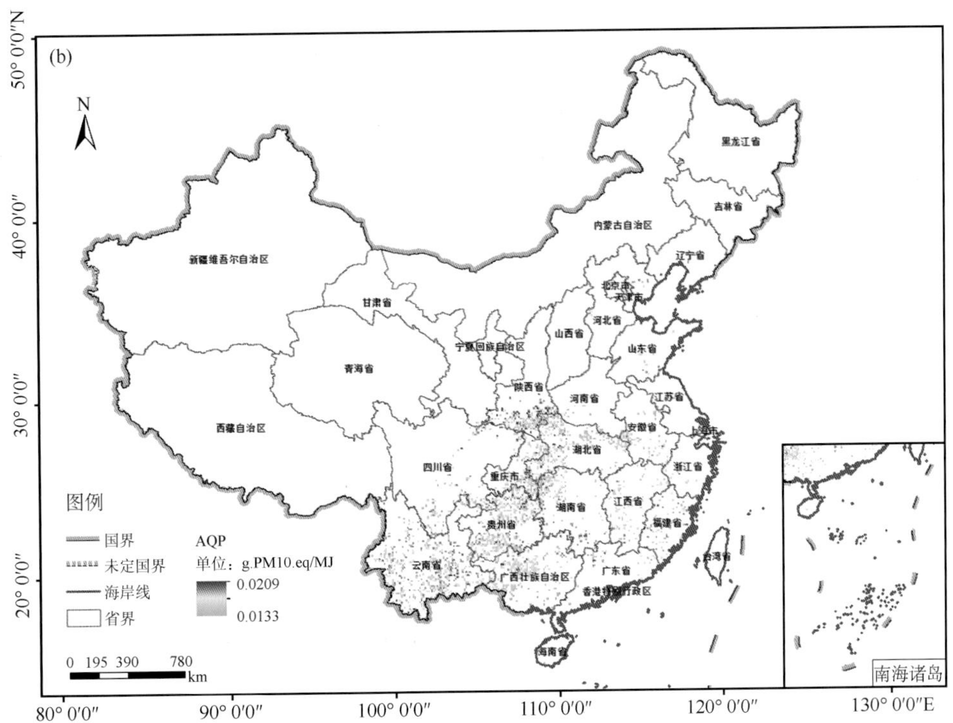

图 4-17　柳枝稷燃料乙醇全生命周期人体毒性潜势(a)及气溶胶潜势(b)空间分布

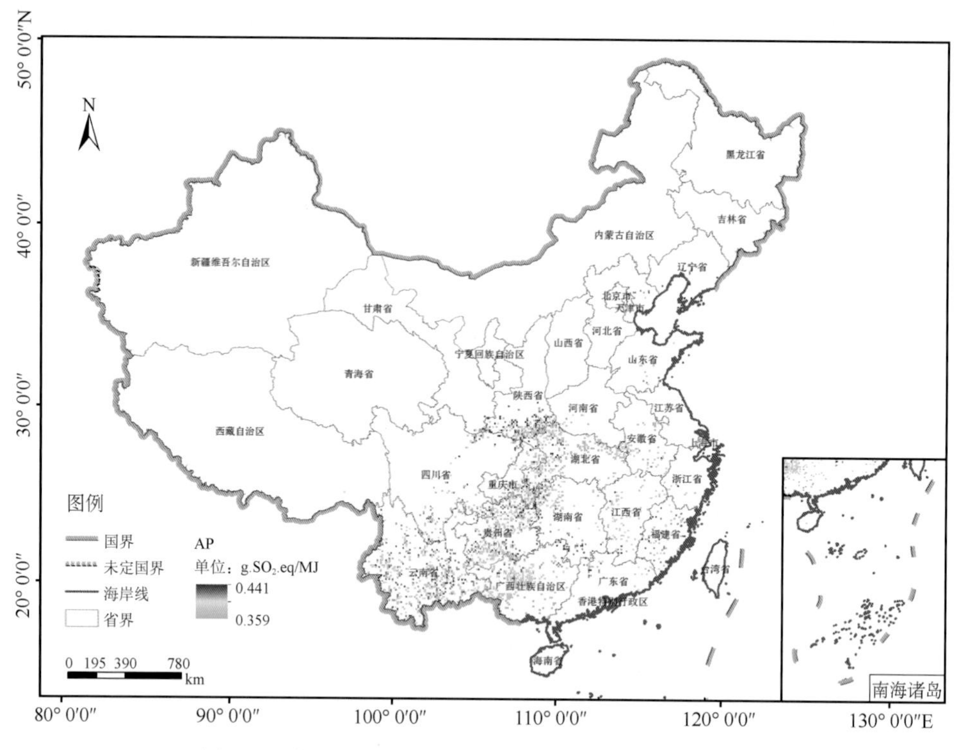

图 4-18 柳枝稷燃料乙醇全生命周期酸化潜势空间分布

由表 4-47 可知，全国柳枝稷燃料乙醇生命周期总环境影响指数约为 20336 人当量（即按本书中柳枝稷种植规模发展燃料乙醇，全生命周期环境排放影响的总人数）。柳枝稷燃料乙醇生命周期最为显著的环境影响类型为全球变暖潜势（GWP），约影响 15046 人当量。其次为酸化潜势（AP）和人体毒性潜势（HTP），对生命周期总环境影响的贡献分别为 12.31% 和 12.91%。气溶胶潜势（AQP）和光化学烟雾潜势（POCP）对生命周期总环境影响的贡献累计不足 1%。

表 4-47 柳枝稷燃料乙醇生命周期环境影响类型指数及其标准化与加权处理结果

环境影响类型	环境影响指数（t）	标准化基准（kg）	标准化结果（人当量）	权重因子	加权结果（人当量）	百分比（%）
GWP（CO_2eq）	515355510.50	7192.98	71647.01	0.21	15045.87	73.99
AP（SO_2eq）	1003988.72	56.14	17883.66	0.14	2503.71	12.31
AQP（PM_{10}eq）	42505.80	45.30	938.32	0.15	140.75	0.69
HTP（1,4－DB eq）	817729.55	109.00	7502.11	0.35	2625.74	12.91
POCP（C_2H_4eq）	2079.78	16.84	123.50	0.16	19.76	0.10
总环境影响指数					20335.83	100.00

4.3.3 柳枝稷生产燃料乙醇的经济性评价

柳枝稷燃料乙醇生命周期的成本评价主要包括柳枝稷种植、运输、柳枝稷燃料乙醇生产及分配各个阶段的成本投入，其经济性用价值产投比来评价。由于柳枝稷生产燃料乙醇的工艺在国内尚不成熟，还没有工业化生产的先例，因此，柳枝稷燃料乙醇的经济性评价本书中引用

美国柳枝稷燃料乙醇的成本分析数据。根据，Gonzalez 等[197]及 Bohlmann[198]的研究，本书中按照柳枝稷与燃料乙醇转化率为 3.85∶1，根据当时美元汇率 6.2653 元进行换算，得到柳枝稷燃料乙醇成本清单如表 4-48 所示。

表 4-48　柳枝稷燃料乙醇生产成本分析

项目	成本因素	金额(元/吨乙醇)
原料种植		1041.5
收储运		978.8
	收割	320.7
	储藏	315.8
	运输	342.3
乙醇生产		4283.2
合计		6303.5

按照以上工艺生产的柳枝稷燃料乙醇的市场售价能达到 2.75 美元/加仑，合人民币 5760 元/吨乙醇，同时，柳枝稷燃料乙醇生产过程中产生的副产品价值约为 800 元/吨乙醇。因此，柳枝稷燃料乙醇生产的投入成本为 6303 元/吨乙醇，而价值产出为 6560 元/吨乙醇，产投比为 1.04。

4.4　小结

本章以边际土地为基本范围(参见第 2 章)，利用第 3 章中建立的非粮原料作物生产燃料乙醇的全生命周期能源效益评价模型、环境影响评价模型以及经济性评价模型，综合分析了能源作物生长过程(参见第 2 章)及燃料乙醇生产整个生命周期的能量效益、环境影响和经济性。通过对我国甜高粱、木薯及柳枝稷燃料乙醇发展潜力的研究，得出以下主要结论。

我国发展甜高粱燃料乙醇净能量盈余总量为 1.04E+07 万 MJ，其中，贵州省的燃料乙醇生产净能量比重最大，占到 35.18%。通过对甜高粱燃料乙醇生命周期系统中各阶段主要环境影响物质挥发性有机化合物(VOC)、一氧化碳(CO)、二氧化碳(CO_2)、甲烷(CH_4)、氮氧化物(NO_x，N_2O)、硫氧化物(SO_x)以及可吸入颗粒物(PM_{10})的排放量计算分析发现，甜高粱燃料乙醇生命周期总环境影响指数为 37872 人当量。最为显著的环境影响类型为全球变暖潜势(GWP)，约影响 16895 人当量。其次为酸化潜势(AP)和人体毒性潜势(HTP)。经济性评价结果显示，甜高粱燃料乙醇生产全生命周期的价值投入为 3836.28 元/t，价值产投比为 1.30。

通过木薯燃料乙醇生命周期系统评价可以发现，我国木薯生产单位质量的燃料乙醇过程中净能量盈余比甜高粱要高，净能量盈余最高值出现在广西壮族自治区。在木薯种植区，71.66%的边际土地资源上可以获得净能量盈余，最高盈余 300 万 MJ。全国木薯燃料乙醇净能量盈余总量为 9.33E+06 万 MJ，其中，广西壮族自治区占 63.31%，广东省和福建省次之。全国木薯燃料乙醇生命周期总环境影响指数为 3834.91 人当量。最为显著的环境影响类型为全球变暖潜势(GWP)，约影响 1764 人当量，其次为酸化潜势(AP)和人体毒性潜势(HTP)，对生命周期总环境影响的贡献分别为 28.72%和 24.56%。木薯生产燃料乙醇的价值投入为 3039 元/t，价值产投比为 1.65。

我国柳枝稷燃料乙醇净能量盈余总量约为 1.75E+08 万 MJ，其中，云南省燃料乙醇净能量生产比例最高，占到19.53%。其他净能量生产潜力较高的地区依次为贵州省、湖北省和广西壮族自治区。柳枝稷燃料乙醇生命周期总环境影响指数为20336人当量，最为显著的环境影响类型为全球变暖潜势(GWP)，约影响15046人当量。其次为酸化潜势(AP)和人体毒性潜势(HTP)。按照美国的市场价值核算，柳枝稷燃料乙醇生产的投入成本为6303元/吨乙醇，而价值产出为6560元/吨乙醇，价值产投比为1.04。

本章中通过对不同原料生产燃料乙醇的生命周期系统评价，得到了我国甜高粱、木薯、柳枝稷非粮燃料乙醇的净能量生产潜力、总环境影响指数的空间分布。对我国非粮燃料乙醇的发展潜力有了系统、全面的认识，为非粮燃料乙醇发展模式的合理配置提供了重要的理论依据。

第5章 我国非粮燃料乙醇发展潜力综合分析

本章以边际土地为基本范围(参见第2章),在第3、4章对我国不同原料作物(甜高粱、木薯、柳枝稷)生产燃料乙醇的能量效益、环境影响和经济性进行比较分析的基础上,尝试提出了一种我国非粮燃料乙醇规模化发展的优化模式。对我国优化发展模式下,非粮燃料乙醇的产量分布进行了估算。在此基础上,综合分析了我国非粮燃料乙醇的能量效益、环境影响和经济性,为合理规划非粮能源植物的种植和产业布局提供支撑。

5.1 我国不同原料燃料乙醇发展潜力比较

为了对我国不同非粮原料作物燃料乙醇发展潜力进行对比分析,本书综合第2章、第3章及第4章的研究成果,将我国甜高粱、木薯和柳枝稷适宜种植的边际土地资源总量、作物及其可转化成的燃料乙醇的产量、在此基础上分析的作物燃料乙醇生命周期的净能量盈余、环境影响指数以及经济性进行了统计汇总,具体数据见表5-1。

表5-1 我国不同原料燃料乙醇发展潜力评价结果

	原料作物	甜高粱	木薯	柳枝稷
	宜能边际土地(万 hm^2)	5336.34	1306.83	5939.89
	原料产量(万吨)	207824	5249	32801
	乙醇产量(万吨)	12989	1810	8519
能量	燃料乙醇能量消耗(万 MJ)	374856108	44495716	78166659
	燃料乙醇净能量盈余(万 MJ)	10397699	9326492	174529338
环境	GWP(人当量)	16895	1764	15045
	AP(人当量)	11206	1101	2503
	AQP(人当量)	210.85	26.77	140.75
	HTP(人当量)	9549.56	941.96	2625.74
	POCP(人当量)	10.42	0.49	19.76
	总环境影响指数(人当量)	37872	3835	20336
经济	产投比	1.30	1.65	1.04

为了对不同原料作物的能量效益、环境影响和经济性进行对比分析,本书以生产每千克燃料乙醇为例,对甜高粱、木薯和柳枝稷的净能量盈余、总环境影响指数进行了转换处理,得到不同原料作物生产单位质量燃料乙醇的能量效益、环境影响和经济性情况,如表5-2所示。

表 5-2 不同原料生产单位质量燃料乙醇的生命周期评价结果

	原料作物	甜高粱	木薯	柳枝稷
能量	燃料乙醇净能量盈余(MJ/千克乙醇)	0.80	5.15	20.49
环境	GWP(人当量/千克乙醇)	1.30E−03	9.75E−04	1.77E−03
	AP(人当量/千克乙醇)	8.63E−04	6.08E−04	2.94E−04
	AQP(人当量/千克乙醇)	1.62E−05	1.48E−05	1.65E−05
	HTP(人当量/千克乙醇)	7.35E−04	5.20E−04	3.08E−04
	POCP(人当量/千克乙醇)	8.02E−07	2.71E−07	2.32E−06
	总环境影响指数(人当量/千克乙醇)	2.92E−03	2.12E−03	2.39E−03
经济	产投比	1.30	1.65	1.04

由表 5-2 我们可以发现，从能量效益角度看，生产单位质量燃料乙醇的净能量盈余情况是柳枝稷>木薯>甜高粱。其中，柳枝稷生产燃料乙醇的净能量盈余达 20.49 MJ/千克乙醇，木薯次之，甜高粱由于种植和生产过程中耗能大，因此净能量盈余最低。从环境影响角度看，木薯的总环境影响指数最低，柳枝稷次之，甜高粱的总环境影响指数比柳枝稷高 5.29E−04 人当量/千克乙醇。从经济性的角度看，木薯的价值产投比最高，为 1.65，甜高粱为 1.30。按照美国的市场价值量计算的柳枝稷的经济性较差，每吨燃料乙醇利润仅 250 元左右。

5.2 我国非粮燃料乙醇发展模式探讨

为了合理规划非粮能源作物的种植和产业布局，充分发挥我国非粮燃料乙醇的发展潜力，作者尝试基于本书中的研究成果，提出一种优化的非粮燃料乙醇发展模式。

通过 5.1 节中对不同原料发展燃料乙醇的潜力比较发现，柳枝稷发展燃料乙醇的能量效益非常高，这也是柳枝稷被认为是最具潜力的能源植物的原因。但柳枝稷在我国的发展尚处于起步阶段，不同的单位、能源相关公司等对柳枝稷的能源潜力研究也都处于种植、测试以及生产工艺的试验阶段。另外，柳枝稷生产燃料乙醇的投入产出价值比很低，为 1.04。原料的供给、生产工艺尚不成熟，以及过高的成本投入都是限制柳枝稷燃料乙醇能量效益获取的瓶颈问题。因此，已有一定发展基础的木薯燃料乙醇和甜高粱燃料乙醇的发展应优先于柳枝稷。

木薯生产燃料乙醇的能量效益、环境影响和经济性都要优于甜高粱，且适宜木薯种植的边际土地资源最为集中，均分布在我国南部地区，大大节省了原料运输的成本。因此，本书建议最优先发展木薯燃料乙醇，其次是甜高粱，最后，经过种植经验的积累和生产工艺的提高，逐步发展柳枝稷燃料乙醇。

5.2.1 燃料乙醇优化发展模式下能量效益评估

根据上述优先发展木薯，其次甜高粱，再次发展柳枝稷的燃料乙醇优化发展模式，优化第 2 章已计算的各作物适宜种植的土地资源配置，形成新的作物种植区划(图 5-1)。在此基础上，计算我国非粮燃料乙醇能源作物的综合生产潜力以及相应的净能量生产潜力，如图 5-2 所示。

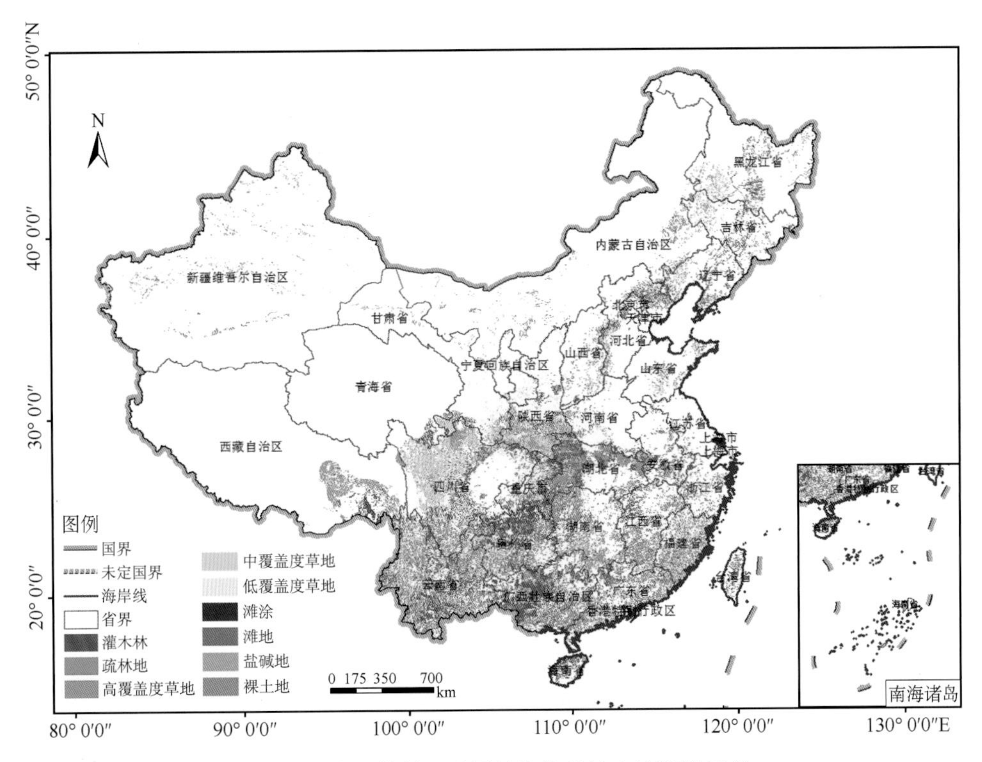

图 5-1 我国燃料乙醇原料作物种植土地资源区划

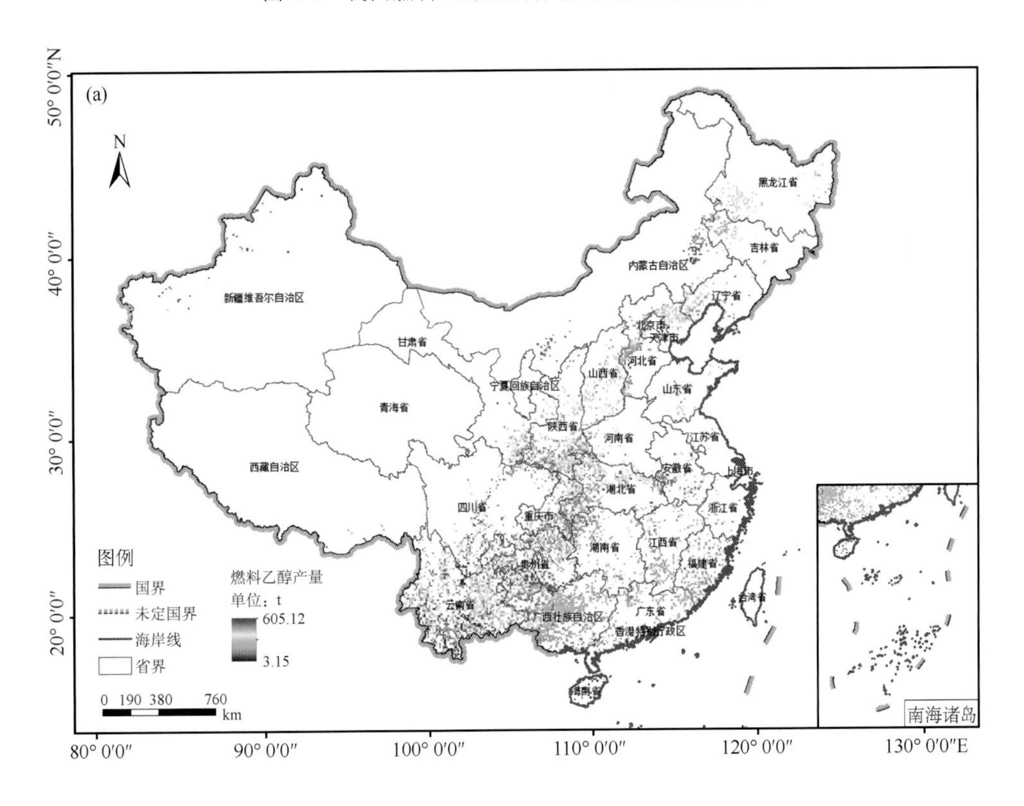

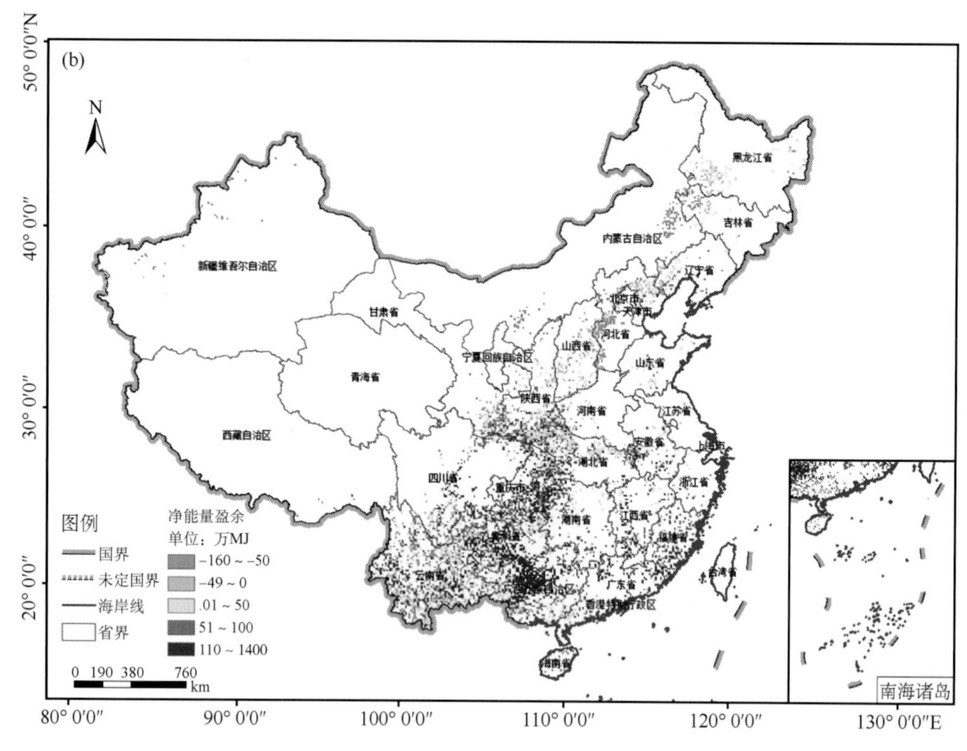

图 5-2　我国燃料乙醇产量(a)及净能量盈余(b)空间分布

研究表明，经优化后，我国适宜燃料乙醇作物种植的宜能边际土地总面积达 7683 万 hm^2，可以生产燃料乙醇 17128 万吨，由此产生的净能量约为 8.32E+07 万 MJ(表 5-3)。如按照本书提出的燃料乙醇优化发展模式，我国每年生产的燃料乙醇净能量 8.32E+07 万 MJ 相当于 1719.25 万吨的 90#汽油或 1583.72 万吨的 0#柴油。我们假设我国燃料乙醇发展水平分别能够达到最大净能量潜力的 70%、30%和 10%，则我国生产的燃料乙醇净能量分别等价于 1203.48 万吨、859.63 万吨和 515.78 万吨的汽油或 1108.61 万吨、791.86 万吨和 475.12 万吨的柴油。

从表 5-3 可以发现，我国净能量生产潜力较大的三个省份为云南、贵州和广西，三省(区)总量占全国净能量生产潜力的 45.74%。如云南、贵州和广西的宜能边际土地资源得到 100%的开发，则三省(区)每年的燃料乙醇净能量相当于 786.39 万吨的汽油或 724.40 万吨的柴油。

表 5-3　我国燃料乙醇发展净能量生产潜力

省份	宜能边际土地面积(万 hm^2)	燃料乙醇产量(万 t)	净能量盈余(万 MJ)
北京	18.83	30.88	−59204
天津	1.69	3.74	11322
河北	295.10	518.65	−628985
山西	196.00	395.04	−179456
内蒙古	160.25	147.37	−1405538
辽宁	121.08	313.43	697781
吉林	91.74	168.69	−200288

续表

省份	宜能边际土地面积(万 hm^2)	燃料乙醇产量(万 t)	净能量盈余(万 MJ)
黑龙江	147.37	332.37	118328
江苏	20.14	51.77	453982
浙江	36.20	100.94	625526
安徽	155.89	447.67	2544935
福建	247.61	569.38	3863286
江西	231.71	521.00	5155335
山东	68.76	167.47	676531
河南	74.01	179.42	464094
湖北	581.66	1550.02	8288721
湖南	318.54	850.97	7428662
广东	233.57	399.25	2761425
广西	871.86	1559.77	9657735
海南	36.24	24.58	179534
重庆	264.35	714.02	5505128
四川	471.71	1145.91	5872239
贵州	815.04	2300.30	13647176
云南	1437.14	2763.19	14733185
西藏	17.60	27.13	31071
陕西	570.78	1460.17	3206930
甘肃	157.44	362.79	181764
宁夏	1.69	0.90	−19620
新疆	39.02	21.85	−442826
全国	7683.03	17128.65	83168775

5.2.2　燃料乙醇优化发展模式下环境影响评估

基于3.2节中的燃料乙醇生命周期环境影响评价模型，我们对优化的燃料乙醇发展模式下不同环境影响类型(全球暖化潜势GWP、光化学烟雾潜势POCP、人体毒性潜势HTP、气溶胶潜势AQP、酸化潜势AP)的空间分布情况进行了分析计算(图5-3～图5-5)。

由图可看出，各环境影响类型由于作物的生长特征、种植投入以及生产工艺等不同，在燃料乙醇转化过程中的排放量存在明显的地域差异。从空间分布看，贵州以北至陕西段各影响类型的排放量相对较高。为了更加直观地显示优化后我国燃料乙醇生命周期环境影响的水平，本书利用省级行政边界，对各省(区、市)的各类环境影响因子及环境影响类型进行了统计分析(表5-4)。在此基础上，对各环境影响类型进行特征化、标准化及加权合并，从而得到总环境影响指数(表5-5)。

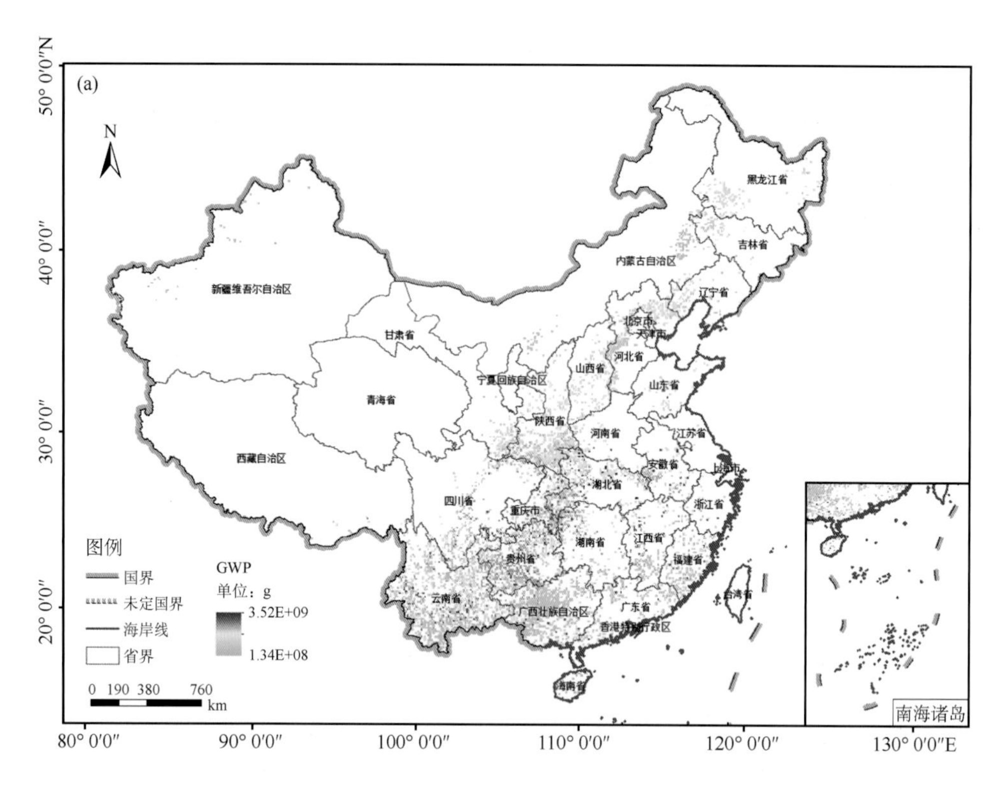

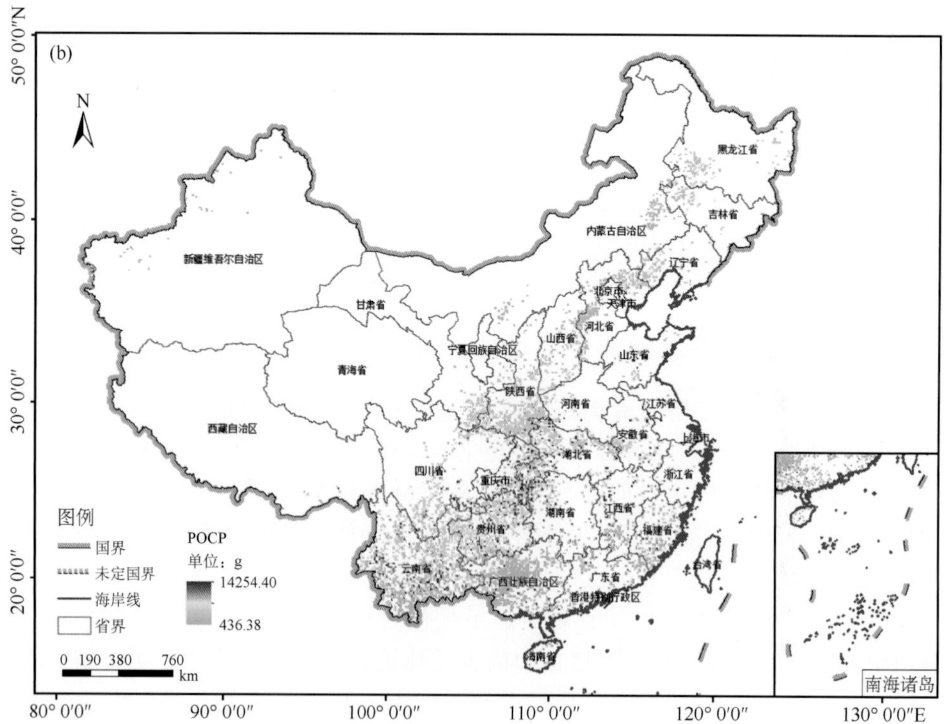

图 5-3 燃料乙醇生命周期全球暖化潜势(a)及光化学烟雾潜势(b)空间分布

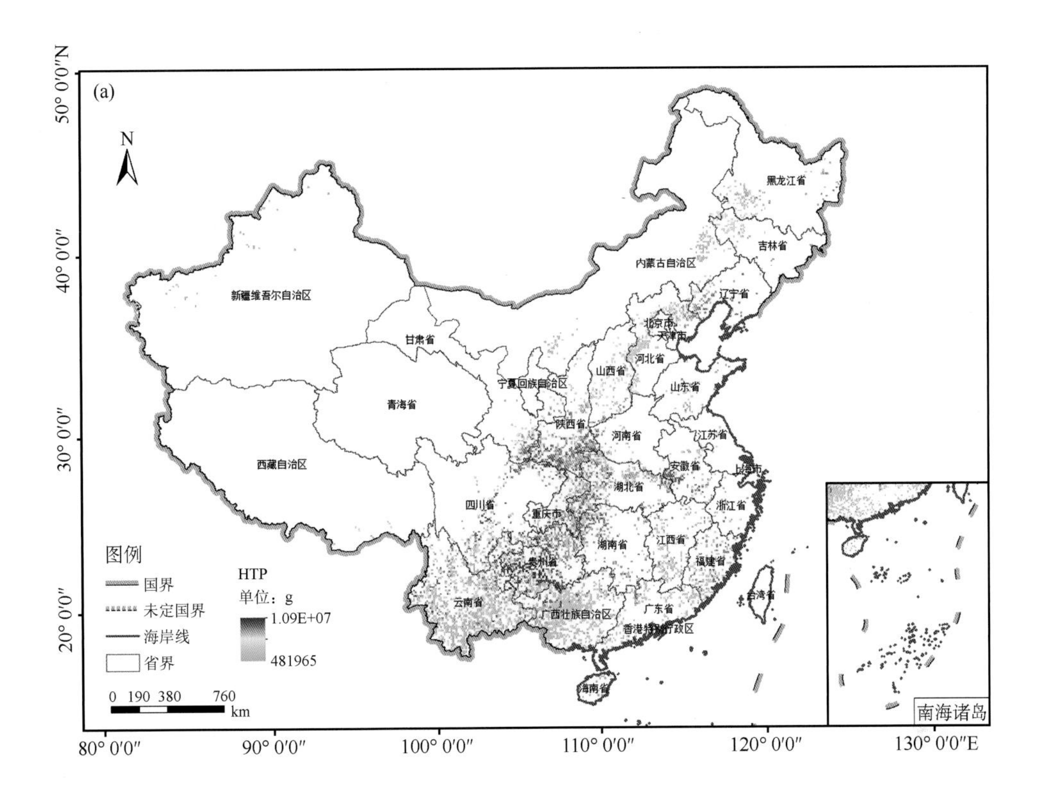

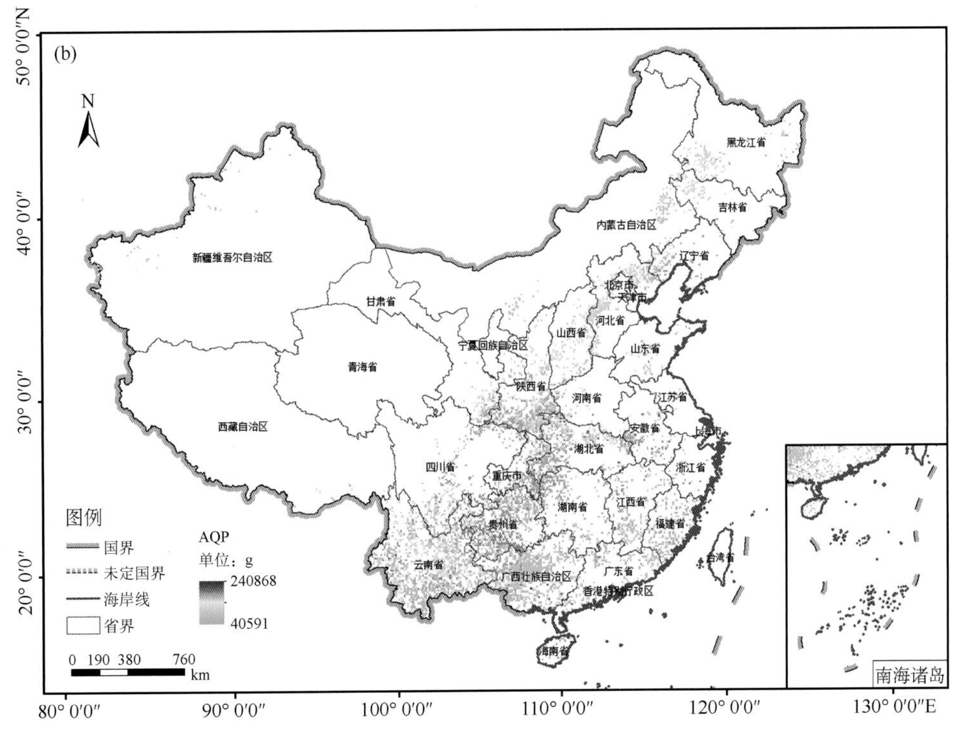

图 5-4　燃料乙醇生命周期人体毒性潜势(a)及气溶胶潜势(b)空间分布

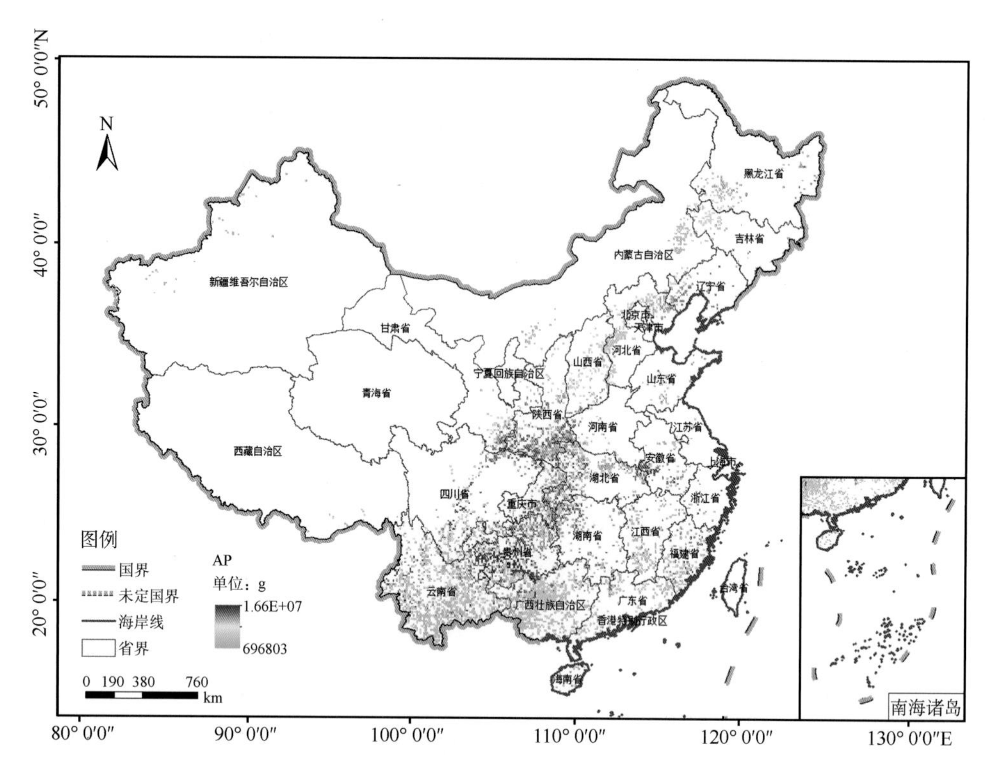

图 5-5 燃料乙醇生命周期酸化潜势分布情况

表 5-4 我国各省(区、市)各环境影响类型总量

省份	AP(t SO_2eq)	AQP(t PM_{10}eq)	GWP(t CO_2eq)	POCP(t C_2H_4eq)	HTP(1,4－DB eq)
北京	11140.90	189.86	1485726	2.99	7339.21
天津	1199.67	19.65	179150	0.41	797.81
河北	185218.86	3062.55	24678362	49.54	121987.63
山西	140826.48	2157.08	18250104	35.24	92511.79
内蒙古	58415.64	1329.33	8105901	17.09	38673.46
辽宁	105714.09	1509.39	14225833	29.00	69633.87
吉林	60676.63	969.55	7912741	15.41	39887.34
黑龙江	117299.52	1709.28	15093410	28.86	76996.29
江苏	13262.56	254.29	2647370	7.71	9089.48
浙江	29482.98	474.09	4846600	12.25	19778.89
安徽	134007.62	2069.21	21176098	51.61	89543.14
福建	154462.26	2539.17	24767800	54.40	103540.65
江西	122276.93	2449.13	25095395	70.00	84209.26
山东	52279.84	835.81	7975464	18.79	34826.55
河南	59101.41	893.58	8335258	18.00	39090.04
湖北	465481.71	7419.99	74037557	181.57	311272.19
湖南	221363.49	4089.66	42820238	122.34	151174.95
广东	99155.76	1750.42	15530258	27.12	66477.13
广西	405436.14	6735.65	59836276	97.05	270196.04

续表

省份	AP(t SO_2 eq)	AQP(t PM_{10} eq)	GWP(t CO_2 eq)	POCP(t C_2H_4 eq)	HTP(1,4−DB eq)
海南	4840.42	190.60	1548357	5.45	3574.20
重庆	194204.04	3374.29	34941064	94.19	131549.64
四川	342986.69	5706.48	55423295	137.80	229764.57
贵州	680531.51	10572.38	108126245	262.92	455046.98
云南	790064.54	14532.35	134995333	343.44	532668.74
西藏	8744.85	161.39	1326451	3.02	5828.76
陕西	492028.70	7071.16	66437309	136.00	324194.23
甘肃	127804.89	1845.11	16423916	31.35	83880.22
宁夏	403.51	12.42	59980	0.14	269.37
新疆	9690.86	288.97	1429096	3.22	6462.83
全国	5088102.48	84212.84	797710586	1856.90	3400265.26

由表5-5可知，优化发展模式下燃料乙醇生命周期总环境影响指数为46723.18人当量（即按本书燃料乙醇优化发展模式，全生命周期环境排放影响的总人数）。燃料乙醇生命周期最为显著的环境影响类型为全球变暖潜势（GWP），约影响23067人当量，约占总环境影响人数的50%。其次为酸化潜势（AP）和人体毒性潜势（HTP），对生命周期总环境影响的贡献分别为26.77%和23.23%。气溶胶潜势（AQP）和光化学烟雾潜势（POCP）对生命周期总环境影响的贡献非常低。

表5-5 燃料乙醇生命周期环境影响类型指数及其标准化与加权处理结果

环境影响类型	环境影响指数(t)	标准化基准(kg)	标准化结果(人当量)	权重因子	加权结果(人当量)	百分比(%)
GWP(CO_2 eq)	797710586	7192.98	110901.27	0.21	23067.46	49.37
AP(SO_2 eq)	5088102	56.14	90632.39	0.14	12507.27	26.77
AQP(PM_{10} eq)	84213	45.30	1859.00	0.15	275.13	0.59
HTP(1,4−DB eq)	3400265	109.00	31195.09	0.35	10855.89	23.23
POCP(C_2H_4 eq)	1857	16.84	110.27	0.16	17.42	0.04
总环境影响指数					46723.18	100.00

5.2.3 燃料乙醇优化发展模式下经济性评估

燃料乙醇生命周期经济性评估是我国非粮燃料乙醇发展可持续性评价的重要环节，是决定非粮燃料乙醇作物能否大规模种植应用的关键因素之一。为了评价燃料乙醇优化发展模式的经济性，本书在第4章甜高粱、木薯和柳枝稷生产燃料乙醇经济性评价的基础上，根据优化发展模式下三种作物乙醇产量的比例，对三种作物生产燃料乙醇的产投比进行加权平均，得到一个综合的产投比，来衡量优化发展模式下燃料乙醇生命周期系统的经济效益。

本书对燃料乙醇优化发展模式下的甜高粱、木薯和柳枝稷可生产的燃料乙醇产量进行了统计，其中，甜高粱乙醇产量为12193.49万吨，木薯乙醇为1810.27万吨，柳枝稷乙醇为3124.88万吨，各占燃料乙醇总产量的18.24%、10.57%和71.19%，其价值产投比分别为1.30、1.65和1.04。由此计算得出优化发展模式的综合价值产投比为1.29。

5.3 小结

为了更好地回答如何科学准确地评判非粮燃料乙醇的发展前景，合理规划非粮能源植物的种植和产业布局这一议题，本书在第2～4章研究成果的基础上，对我国不同原料作物（甜高粱、木薯、柳枝稷）生产燃料乙醇的能量效益、环境影响和经济性进行了系统地比较分析，提出了我国非粮燃料乙醇规模化发展的优化模式。

从能量效益角度分析，柳枝稷生产燃料乙醇的净能量盈余达20.49 MJ/千克乙醇，木薯次之，甜高粱由于种植和生产过程中耗能大，净能量盈余最低。因此，生产单位质量燃料乙醇的净能量生产潜力是柳枝稷＞木薯＞甜高粱。从环境影响角度看，木薯的总环境影响指数最低，优于甜高粱和柳枝稷，而甜高粱的总环境影响指数比柳枝稷高5.29E－04人当量/千克乙醇。从经济性的角度看，木薯的价值产投比最高，为1.65，甜高粱为1.30，柳枝稷的经济性较差，为1.04。

基于上述比较分析，结合原料供给、国内燃料乙醇生产工艺的现状等问题，本书提出了优先发展木薯燃料乙醇，其次是甜高粱，最后，经过种植经验的积累和生产工艺的提高，逐步发展柳枝稷燃料乙醇的一种优化的非粮燃料乙醇发展模式。

本书基于优化的燃料乙醇发展模式，对我国宜能边际土地资源重新进行了配置，得到燃料乙醇优化发展模式下的作物种植区划，并在此基础上，计算我国非粮燃料乙醇能源作物的综合生产潜力以及相应的净能量生产潜力、环境影响潜力和经济性。

研究表明，经优化后，我国适宜燃料乙醇作物种植的宜能边际土地总面积达7683万hm^2，可以生产燃料乙醇17128万吨，由此产生的净能量约为8.32E＋07万MJ，相当于1719.25万吨的90＃汽油或1583.72万吨的0＃柴油。我们假设我国燃料乙醇发展水平分别能够达到最大净能量潜力的70％、30％和10％，则我国生产的燃料乙醇净能量分别等价于1203.48万吨、859.63万吨和515.78万吨的汽油或1108.61万吨、791.86万吨和475.12万吨的柴油。优化发展模式下燃料乙醇生命周期总环境影响指数为46723.18人当量。最为显著的环境影响类型为全球变暖潜势（GWP），约影响23067人当量，约占总环境影响人数的50％。其次为酸化潜势（AP）和人体毒性潜势（HTP）。根据优化发展模式下三种作物乙醇产量的比例，对三种作物生产燃料乙醇的价值产投比进行加权平均，得到优化发展模式的综合产投比为1.29。

第6章 研究结论

本书针对我国宜能边际土地资源现状及特定能源植物的生长特征，确定了我国适宜发展非粮燃料乙醇的三种作物（糖质原料甜高粱、淀粉质原料木薯和纤维素质原料柳枝稷）的边际土地数量、空间分布特征；以生命周期分析方法（LCA）为总体框架，耦合能源植物生长过程模型（GEPIC），从能量效益、环境影响和经济性三个方面，在全国尺度上对不同原料作物生产燃料乙醇的潜力进行了综合评估。主要结论如下。

（1）我国适宜发展非粮燃料乙醇的土地资源规模及空间分布

利用多因子综合评价方法，基于土地利用、自然背景、基础地理数据以及生态环境限制因素、作物自身生长特性等，获取了我国发展燃料乙醇的非粮作物——糖质原料甜高粱、淀粉质原料木薯以及纤维素质原料柳枝稷适宜种植的边际土地资源规模及空间分布。适宜发展甜高粱的边际土地资源数量为5336.34万公顷；木薯对环境的要求相对较高，适宜种植的边际土地资源约为1306.83万公顷，约有50%集中在广西壮族自治区；我国适宜柳枝稷的土地资源总量高于甜高粱和木薯，达到5939.89万公顷。适宜原料作物种植的土地资源类型以灌木林地、疏林地和草地为主。

（2）基于空间过程模型的燃料乙醇原料作物产量估算

基于能源作物生长过程模型（GEPIC）构建了三种原料作物的产量估算模型，利用实验区完整生长季的实测数据和已有文献资料对模型关键参数进行了率定，并对我国边际土地上的三种作物产量进行了估算。结果表明：甜高粱适宜种植区的总产量约20.78亿吨，可转化为约1.29亿吨的燃料乙醇。木薯产区主要分布在我国南部地区，木薯燃料乙醇产量达到1810.27万吨，广西的产量占总量的51.96%，其次为广东和云南，各占13%以上。我国柳枝稷燃料乙醇产量达到2212.92万吨。其中，产量超过270万吨的有云南、贵州、湖北和广西四个省（区）。

（3）我国非粮燃料乙醇发展潜力生命周期综合评价

以边际土地为基本范围，利用非粮原料作物生产燃料乙醇的全生命周期能源效益评价模型、环境影响评价模型以及经济性评价模型，综合评价了能源作物生长过程及燃料乙醇生产整个生命周期的能量效益、环境影响和经济性。结果表明：我国发展甜高粱、木薯和柳枝稷燃料乙醇的净能量盈余总量分别为1.04E+07万MJ、9.32E+06万MJ和1.75 E+08万MJ。通过燃料乙醇生命周期系统中环境影响物质的排放量的计算分析发现，甜高粱、木薯和柳枝稷燃料乙醇生命周期总环境影响指数分别为37872、3834.91和15045人当量，最为显著的环境影响类型为全球变暖潜势（GWP）。经济性评价结果显示，甜高粱、木薯和柳枝稷燃料乙醇生产全生命周期价值产投比分别为1.30、1.65和1.04。

（4）我国非粮燃料乙醇发展模式优化

结合能量效益、环境影响和经济性三个方面的评价结果，对我国不同原料燃料乙醇的发展潜力进行了综合分析，提出了一种我国非粮燃料乙醇规模化发展的优化模式。经优化后，我国非粮燃料乙醇的净能量生产潜力约为8.32E+07万MJ，相当于1719.25万吨的90#汽油或1583.72万吨的0#柴油。假设我国燃料乙醇发展水平分别能够达到最大净能量潜力的70%、30%和10%，则我国生产的燃料乙醇净能量分别等价于1203.48万吨、859.63万吨和515.78万吨的汽油。优化发展模式下燃料乙醇生命周期总环境影响指数为46723.18人当量。最为显著的环境影响类型为全球变暖潜势(GWP)，约占总环境影响人数的50%。经济性方面，优化发展模式的综合产投比为1.29。

参考文献

[1] 唐佳梅.京都议定书.海外英语,2005:3-5.

[2] 张宏乐.《京都议定书》中清洁发展机制的国际法解读.2008全国博士生学术论坛,2008.

[3] 李同.巴黎协定.北京:世界知识出版社,1955.

[4] 何建坤.《巴黎协定》新机制及其影响.世界环境,2016:16-8.

[5] 李瑞阳.21世纪的重要能源——生物质能.世界科学,1999:25-7.

[6] 张家仁,邓甜音,刘海超.油脂和木质纤维素催化转化制备生物液体燃料.化学进展,2013:192-208.

[7] 章树荣,洪健军.国外生物质能开发利用现状分析.能源研究与信息,1985.

[8] 邱宏伟.生物液体燃料的现状与我国的相关政策取向.科学决策,2006:17-9.

[9] 刘晓风,袁月祥,闫志英.生物燃气技术及工程的发展现状.生物工程学报,2010,**26**:924-930.

[10] 孙康泰,张辉,魏珣,等.生物燃气产业发展现状与商业模式创新研究.林产化学与工业,2014,**34**:175-180.

[11] 赵立欣,孟海波,姚宗路,等.中国生物质固体成型燃料技术和产业.中国工程科学,2011,**13**:78-82.

[12] 黄金煌.农业生物质能源发展现状及建议.能源与环境,2008:76-77.

[13] 侯坚,张培栋,张宝茸,等.中国林业生物质能源资源开发利用现状与发展建议.可再生能源,2009,27:113-117.

[14] 张芳,程丽华,徐新华,等.能源微藻采收及油脂提取技术.中国高科技产业化研究会微藻生物质能源技术交流会暨新技术、新成果、新设备展示与合作对接会,2014.

[15] 吴伟光,黄季焜.林业生物柴油原料麻风树种植的经济可行性分析.中国农村经济,2010:56-63.

[16] 河南天冠企业集团有限公司,中国食品发酵工业研究院,吉林燃料乙醇有限公司,中粮集团,中国石油化工股份有限公司石油化工科学研究院.变性燃料乙醇.2013.

[17] 吴瑕,顾丽莉,申立中,等.燃料乙醇和车用乙醇汽油的发展动态研究.应用化工,2009,**38**:1059-1063.

[18] 中国石油化工股份有限公司石油化工科学研究院.车用乙醇汽油(E10).2015.

[19] 邢启明.几种能源草转化燃料乙醇研究.中国农业科学院学位论文,2009.

[20] 龚春梅,宁蓬勃,王根轩,等.C3和C4植物光合途径的适应性变化和进化.植物生态学报,2009,**33**:206-221.

[21] 徐丽华,罗鹏,严明.我国生物质能源利用现状.广州化工,2016:44.

[22] 农业部.生物质液体燃料专用能源作物边际土地资源调查评估方案.2007.

[23] 郑秀君,胡彬.我国生命周期评价(LCA)文献综述及国外最新研究进展.科技进步与对策,2013,**30**:155-160.

[24] 钱能志.我国林业生物质能源资源现状与潜力.化学工业,2007,**7**:5.

[25] REN21. Renewables 2012 global status report. Renewable Energy Policy Network for the 21st Century,2012.

[26] Petroleum B. Statistical review of world energy 2014. British Petroleum,London,2014.

[27] Tang Y,Xie J S,Geng S. Marginal Land-based Biomass Energy Production in China. *J Integr Plant Biol*,2010,**52**:112-21.

[28] USDA,China's 2014 fuel ethanol production is forecast to increase six percent. 2014.

[29] 国家发展改革委. 可再生能源中长期发展规划. 2007.
[30] Service UFA. Biofuels Annual 2015-China. http://wwwfasusdagov/data/china-biofuels-annual-1. 2015.
[31] 陆强，赵雪冰，郑宗明. 液体生物燃料技术与工程. 上海：上海科学技术出版社，2013.
[32] 刘敏，邓新忠，张宏宇. 美国及国内燃料乙醇应用现状及发展预测. 山东化工，2001：29-30.
[33] 靳胜英. 世界燃料乙醇产业发展态势. 石油科技论坛，2011，**30**：52-54.
[34] 车长波，袁际华. 世界生物质能源发展现状及方向. 天然气工业，2011，**31**：104-106.
[35] Ren21 R. Renewables 2014 Global Status Report. REN21 secretariat，Paris，2014.
[36] 中国石油化工股份有限公司石油化工科学研究院，中国汽车技术研究中心，中国食品发酵研究所，清华大学，长春汽车材料研究所，中国石油化工股份有限公司燕山分公司，等. 车用乙醇汽油. 2001.
[37] 中国食品发酵工业研究所，中国石油化工股份有限公司石油化工科学研究院，河南天冠企业集团有限公司，黑龙江华润金玉实业有限公司，吉林天河酒精有限公司，安徽丰原生物化学股份有限公司. 变性燃料乙醇. 2001.
[38] 李海军. 中国燃料乙醇发展现状及未来发展方向. 安徽农业科学. 2013：13984-13985.
[39] 吴晶，程可可，张建安，中国非粮燃料乙醇发展现状及展望. 酿酒，2015，**42**(6)：26-31.
[40] 田宜水，赵立欣. 我国燃料乙醇原料可持续供应初步分析. 中国能源，2008，**29**：26-29.
[41] 国家发展改革委、财政部关于加强生物燃料乙醇项目建设管理促进产业健康发展的通知. 可再生能源，2007：1-5.
[42] 财政部、国家发展改革委、农业部、国家税务总局、国家林业局关于发展生物能源和生物化工财税扶持政策的实施意见. 可再生能源. 2006：1-2.
[43] 走中国特色农业生物质能产业发展道路农业部发布《农业生物质能产业发展规划(2007—2015年)》. 中国农业信息，2007：5.
[44] 可再生能源发展“十一五”规划. 上海建材，2008：1-13.
[45] 关于印发“十二五”农作物秸秆综合利用实施方案的通知. 农村财政与财务，2012：39-42.
[46] 国家能源科技十二五规划. 2011.
[47] 大宗固体废物综合利用实施方案. 建材技术与应用，2012：1-4.
[48] 国务院关于印发“十二五”国家战略性新兴产业发展规划的通知. 中华人民共和国国务院公报，2012：11-33.
[49] 可再生能源发展“十二五”规划. 太阳能，2012：6-19.
[50] 能源发展“十二五”规划. 综合运输，2013：48-66.
[51] 国务院办公厅. 关于加快转变农业发展方式的意见. 江苏农机化，2015(5)：1.
[52] 中华人民共和国环境保护部. 清洁生产标准酒精制造业(HJ 581-2010). 环境保护标准. 2010.
[53] 杨海龙，吕耀，封志明. 木薯燃料乙醇的碳效应分析. 自然资源学报，2013，**03**：55-63.
[54] 李红强，王礼茂. 中国发展非粮燃料乙醇减排 CO_2 的潜力评估. 自然资源学报，2012，**27**：225-234.
[55] 陈瑜琦，王静，蔡玉梅. 发展燃料乙醇和生物柴油的碳排放效应综述. 可再生能源，2015，**33**：257-266.
[56] 王艳坤，张建强，孟祥明. 燃料乙醇应用对环境的影响. 工业安全与环保，2006，**32**：28-31.
[57] 孟伟，罗宏，吕连宏. 我国推广使用变性燃料乙醇的环境影响评价. 中国能源，2006，**28**：29-34.
[58] 陈世忠，张丙龙，梅永刚，陈旭. 木薯燃料乙醇全生命周期 CO_2 排放分析——以循环经济为基础. 食品与发酵工业，2012，**38**：144-147.
[59] 金涛. 从低碳经济角度看我国燃料乙醇企业面临的问题及对策. 开发研究，2013：96-99.
[60] Pearson R J，Turner J W G，Bell A，*et al*. Iso-stoichiometric fuel blends：characterisation of physicochemical properties for mixtures of gasoline，ethanol，methanol and water. P I Mech Eng D-J Aut. 2015，**229**：111-139.
[61] Dudley B. BP Energy Outlook to 2035. BP. 2016.

[62] 王桂强.浅谈从生物质制取液体燃料乙醇工艺.辽宁化工,1999:271-276.
[63] 刘莉,孙君社,康利平,刘萍.甜高粱茎秆生产燃料乙醇.化学进展,2007,**19**:1109-1115.
[64] 薛洁,王异静,贾士儒.甜高粱茎秆固态发酵生产燃料乙醇的工艺优化研究.农业工程学报,2007:224-228.
[65] 徐欣,陈如凯.我国甘蔗燃料乙醇生产潜力与发展策略.林业经济,2009:55-58.
[66] 黎贞崇.甘蔗在燃料乙醇产业中的角色和定位.酿酒科技,2008:129-131.
[67] 刘晓峰,李莉.甘蔗燃料乙醇生产技术研究进展.山东食品发酵,2015:25-27.
[68] 高正卿,邓军,张跃彬.糖蜜生产燃料乙醇生产技术.中国糖料,2012:67-68.
[69] 张艳梅.甜菜糖蜜的改性及应用研究.济南大学学位论文,2012.
[70] 李魁,路洪义.甜菜制燃料乙醇生产工艺的研究.中国酿造,2010:160-162.
[71] 韩梅,戴速航,林荣峰,白洪志.甜菜乙醇发酵条件的研究.可再生能源,2010,**28**:72-75.
[72] 柳树海,刘晓峰.木薯非粮燃料乙醇生产技术进展.酿酒,2010,**37**:9-11.
[73] 李勇昊,张晓月,程诚,等.菊芋全植株生产燃料乙醇的工艺探讨.生物产业技术,2014:23-29.
[74] 杨梅,袁文杰,凤丽华.菊芋生料联合生物加工发酵生产燃料乙醇.安徽农业科学,2012,**40**:5438-5441.
[75] 袁文杰,常宝垒,任剑刚,白凤武.菊芋生产燃料乙醇工艺路线探讨.可再生能源,2011,**29**:139-143.
[76] 胡松梅,龚泽修,蒋道松.生物能源植物柳枝稷简介.草业科学,2008,**25**:29-33.
[77] LIU Ji-li,ZHU Wan-bin,XIE Guang-hui,*et al*. The development of Panicum virgatum as an energy crop. *Acta Prataculturae Sinica*,2009,**18**:232-240.
[78] LI Gaoyang,LI Jianlong,W Yan,*et al*. Research progress on the clean bio-energy production from high yield Panicum virgatum. *Pratacultural Science*,2008,**25**:15-21.
[79] 淑芬.芒草细胞壁结构与纤维乙醇产率关系的研究。华中农业大学学位论文,2011.
[80] 王许涛,谢慧,耿涛,等.农作物秸秆同步糖化发酵制燃料乙醇条件研究.可再生能源,2013,**31**:85-9.
[81] 邓学群.有机溶剂预处理农业废弃物制取燃料乙醇研究.东南大学学位论文,2015.
[82] 严青,仲兆平,张茜芸.玉米芯经酸—超声波强化碱耦合预处理制取燃料乙醇.环境科学研究,2012,**25**:1011-1015.
[83] 徐大鹏,冯英,王俊增,等.木薯发酵乙醇工艺的研究进展.酿酒科技,2012,**1**:84-88.
[84] 陆强.液体生物燃料技术与工程.上海:上海科学技术出版社,2013.
[85] 岳国君,武国庆,郝小明.我国燃料乙醇生产技术的现状与展望.化学进展,2007,19:1084-1090.
[86] 林秋平.现代燃料乙醇生产技术研究(I).化学工程与装备,2007:70-2.
[87] 靳胜英,张礼安,张福琴.甜高粱制燃料乙醇的原料和工艺.中外能源,2008:26-30.
[88] 赵志永.甜高粱液态发酵制备燃料乙醇的研究。石河子大学学位论文,2009.
[89] 薛洁,王异静,贾士儒.甜高粱茎秆固态发酵生产燃料乙醇的工艺优化研究.农业工程学报,2007,23:224-228.
[90] 黄祖新,陈由强,张彦定,等.甘蔗生产燃料乙醇发酵技术的进展.酿酒科技,2007.
[91] 凌成金,张倩勉.木薯生料发酵乙醇工艺的研究.轻工科技,2015.
[92] 黄季焜.我国生物燃料乙醇发展的社会经济影响及发展战略与对策研究.北京:科学出版社,2010.
[93] 申乃坤,曹薇,王青艳,等.木薯生料发酵生产高浓度燃料乙醇工艺研究.广西科学,2015,22:37-43.
[94] 刘汉灵,易跃武,王孝英,等.微波组合微生物预处理木薯生产乙醇工艺.食品科学,2011:178-181.
[95] 李柯,夏敏,曹婉瑜,杜瑞卿.木薯同步糖化发酵生产燃料乙醇的工艺优化.安徽农业科学,2014:11869-11870.
[96] 杨慧,陈砺,严宗诚,王红林.燃料乙醇萃取精馏工艺的有效能分析.华南理工大学学报(自然科学版),2010,38:40-44.
[97] 杨慧,陈砺,严宗诚,王红林.燃料乙醇精馏工艺的模拟优化与节能研究.酿酒科技,2009,2009:43-47.

[98] Xiao H, Wang X, Song Y, *et al*. Advances in biofuel ethanol from bioenergy crop switchgrass. *Pratacultural Science*, 2011, 28: 487-492.

[99] Regassa T H, Wortmann C S. Sweet sorghum as a bioenergy crop: Literature review. *Biomass Bioenerg*, 2014, 64: 348-355.

[100] Zegada-Lizarazu W, Monti A. Are we ready to cultivate sweet sorghum as a bioenergy feedstock? A review on field management practices. *Biomass Bioenerg*, 2012, 40: 1-12.

[101] 谢光辉,庄会永,危文亮. 非粮能源植物:生产原理和边际地栽培. 北京:中国农业大学出版社,2011.

[102] 于萍,段有厚,张志鹏,等. 甜高粱的发展、利用及高产栽培管理技术. 杂粮作物,2007,27:112-113.

[103] Marta A D, Mancini M, Orlando F, *et al*. Sweet sorghum for bioethanol production: Crop responses to different water stress levels. *Biomass Bioenerg*, 2014, 64: 211-219.

[104] Yu M H, Li J H, Li S Z, *et al*. A cost-effective integrated process to convert solid-state fermented sweet sorghum bagasse into cellulosic ethanol. *Appl Energ*, 2014, 115: 331-336.

[105] Pedersen J F, Sattler S E, Anderson W F. Evaluation of Public Sweet Sorghum A-Lines for Use in Hybrid Production. *Bioenergy Research*, 2013, 6: 91-102.

[106] Zhao Y L, Dolat A, Steinberger Y, *et al*. Biomass yield and changes in chemical composition of sweet sorghum cultivars grown for biofuel. *Field Crop Res*, 2009, 111: 55-64.

[107] 李开绵,林雄,黄洁. 国内外木薯科研发展概况. 热带农业科学,2001:56-60.

[108] Rasmussen L V, Rasmussen K, Birch-Thomsen T, *et al*. The effect of cassava-based bioethanol production on above-ground carbon stocks: A case study from Southern Mali. *Energ Policy*, 2012, 41: 575-583.

[109] Huang R, Chen D, Wang Q, *et al*. Fuel ethanol production from cassava feedstock. *Chinese journal of biotechnology*, 2010, 26: 888-891.

[110] Chaisinboon O, Chontanawat J. Factors Determining the Competing Use of Thailand's Cassava for Food and Fuel. In: Yupapin PP, PivsaArt S, Ohgaki H, editors. 9th Eco-Energy and Materials Science and Engineering Symposium, 2011.

[111] 黄洁,李开绵,叶剑秋,等. 我国的木薯优势区域概述. 广西农业科学,2008:104-108.

[112] 马书霞,陈砺,王红林. 发展新型能源——木薯燃料酒精. 可再生能源,2005:73-75.

[113] 古碧,李开绵,李兆贵,李凯. 不同木薯品种(系)块根淀粉特性研究. 热带作物学报,2009:1876-1882.

[114] Comis D. Switching to switchgrass makes sense. *Agr Res*, 2006.

[115] Elbersen H, Christian D, El Bassem N, *et al*. 5 Switchgrass variety choice in Europe4. Switchgrass(*Panicum virgatum* L.)as an alternative energy crop in Europe Initiation of a productivity network Final Report for the period from 01-04-1998 to 30-09-2001. 33.

[116] 姜峻,李代琼,黄瑾. 柳枝稷的生长发育与土壤水分特征. 水土保持通报,2007,27:75-78.

[117] 徐炳成,山仑. 黄土丘陵区柳枝稷与白羊草光合生理生态特征的比较. 中国草地,2003,25:1-4.

[118] 徐炳成,山仑. 黄土丘陵区柳枝稷光合生理生态特性的初步研究. 西北植物学报,2001,21:625-630.

[119] 徐炳成,山仑,李凤民. 黄土丘陵半干旱区引种禾草柳枝稷的生物量与水分利用效率. 生态学报,2005,25:2206-2213.

[120] 吴斌,胡勇,马璐,李立家. 柳枝稷的生物学研究现状及其生物能源转化前景. 氨基酸和生物资源,2007,29:8-10.

[121] Jiang D, Hao M, Fu J, *et al*. Spatial-temporal variation of marginal land suitable for energy plants from 1990 to 2010 in China. *Sci Rep-Uk*, 2014, 4.

[122] Zhuang D, Jiang D, Liu L, Huang Y. Assessment of bioenergy potential on marginal land in China. *Renew Sust Energ Rev*, 2011, 15: 1050-1056.

[123] Jarvis A, Reuter H, Nelson A, Guevara E. Hole-filled SRTM for the globe Version 4. available from the

CGIAR-CSI SRTM 90m Database(http://wwwcgiar-csiorg/)2008.

[124] 曹文伯,邢香鱼,于香云.我国甜高粱资源的初步研究.作物品种资源,1984,**03**:12-15,25.

[125] Li D J. Sweet sorghum and its comprehensive utilization. Annual Academic Conference of China Society of Natural Resources:The third academic seminar on natural medicine resources. Haikou,Hainan Province,China. 1998. p. 75-6-7-8-9.

[126] Lu Q S. Sweet sorghum. Beijing: China's agricultural science and technology press, 2008.

[127] 张福耀,赵威军,平俊爱.高能作物——甜高粱.中国农业科技导报,2006,8:14-17.

[128] 韦本辉.中国木薯栽培技术与产业发展.北京:农业出版社,2008.

[129] 韦冬萍,吴炫柯,韦剑锋,等.柳州发展木薯种植的气候条件分析.黑龙江农业科学,2013:28-30.

[130] 揭锦隆.木薯高产栽培技术.福建农业科技,2013:8-9.

[131] 姬卿,闵义,李兆贵,等.我国木薯主栽品种比较研究.安徽农业科学,2013:11975－7＋84.

[132] Madakadze I C. Physiology,Productivity and Utilisation of Warm Season(C4)Grasses in a Short Growing Season Area. McGill University,1997.

[133] Van Esbroeck G,Hussey M,Sanderson M. Leaf appearance rate and final leaf number of switchgrass cultivars. *Crop Sci*,1997,37:864-870.

[134] 鲍士旦.土壤农化分析.北京:中国农业出版社,2000.

[135] 余福水.EPIC模型应用于黄淮海平原冬小麦估产的研究.北京:中国农业科学院,2007.

[136] Wang F. Primary Analysis of Fuel Ethanol Industry Using Sugar Sorghums as Material. *Liquor Making*, 2009:64-67.

[137] Tian Y S,Li S Z,Zhao L X,*et al*. Life Cycle Assessment on Fuel Ethanol Producing from Sweet Sorghum Stalks. *Transaction of the Chinese Society for Agricultural Machinery*,2011:132-137.

[138] 谢铭,李肖.广西木薯生物燃料乙醇产业发展分析.江苏农业科学,2010:471-474.

[139] 韦宏宪.浅谈木薯栽培管理技术.现代园艺,2013:40.

[140] 谢光辉.非粮能源植物:生产原理和边际地栽培.北京:中国农业大学出版社,2011.

[141] 黄洁,李开绵,叶剑秋,等.我国的木薯优势区域概述.南方农业学报,2008,39:104-108.

[142] 黄楠,谢光辉.能源作物柳枝稷栽培技术.现代农业科技,2009(17):43.

[143] 姜峻,李代琼,黄瑾.柳枝稷的生长发育与土壤水分特征.水土保持通报,2007:75-78,88.

[144] 刘吉利,朱万斌,谢光辉,等.能源作物柳枝稷研究进展.草业学报,2009:232-240.

[145] 安雨.黄土高原引种柳枝稷的生态适应性研究.西北农林科技大学学位论文,2011.

[146] 初彦龙.城市汽车保有量增长过快的影响分析.辽宁警专学报,2014:67-70.

[147] Hill J,Nelson E,Tilman D,*et al*. Environmental,economic,and energetic costs and benefits of biodiesel and ethanol biofuels. *P Natl Acad Sci USA*,2006,103:11206-11210.

[148] Searchinger T,Heimlich R,Houghton R A,*et al*. Use of US croplands for biofuels increases greenhouse gases through emissions from land-use change. *Science*. 2008,319:1238-1240.

[149] Fargione J, Hill J, Tilman D, *et al*. Land clearing and the biofuel carbon debt. *Science*, 2008, 319: 1235-1238.

[150] Xia X F,Zhang J,Xi B. Fuel Ethanol analysis and policy research based on the life cycle. Beijing: China Environmental Science Press, 2012.

[151] 张治山,袁希钢.玉米燃料乙醇生命周期净能量分析.环境科学,2006:3437-3441.

[152] 刘磊.中国西南五省区生物液体燃料开发潜力及影响研究.中国科学院地理科学与资源研究所学位论文,2011.

[153] Lu L,Jiang D,Fu J,*et al*. Evaluating energy benefit of Pistacia chinensis based biodiesel in China. *Renew Sust Energ Rev*,2014,35:258-264.

[154] Forster P, Ramaswamy V, Artaxo P, *et al*. Changes in atmospheric constituents and in radiative forcing. Chapter 2. Climate Change 2007 The Physical Science Basis, 2007.

[155] Heijungs R, Guinée J B, Huppes G, *et al*. Environmental life cycle assessment of products. guide and backgrounds(Part 1). 1992.

[156] 王子亮. 光化学烟雾及其化学特征. 宁波大学学报(理工版), 2005: 224-226.

[157] 宋心琦. 光化学原理与应用. 北京: 高等教育出版社, 2001.

[158] Berg N, Dutilh C, Huppes G. Beginning LCA, a guide into environmental Life Cycle assesment. publicación del programa National Onderzoeks programma Hergebruik van Afvalstoffen (NOH), informe. 1995.

[159] Huijbregts M, Breedveld L, Huppes G, *et al*. Normalisation figures for environmental life-cycle assessment: The Netherlands(1997/1998), Western Europe(1995) and the world(1990 and 1995). *Journal of Cleaner Production*, 2003, 11: 737-748.

[160] Pennington D, Potting J, Finnveden G, *et al*. Life cycle assessment Part 2: Current impact assessment practice. *Environment international*, 2004, 30: 721-739.

[161] Hou J, Zhang P D, Yuan X Z, Zheng Y H. Life cycle environmental impact assessment of biodiesel from microalgae in open ponds. *Transactions of the CSAE*, 2011: 251-257.

[162] Saaty T L. What is the analytic hierarchy process? Springer, 1988.

[163] Rowe G, Wright G. The Delphi technique as a forecasting tool: Issues and analysis. *International Journal of Forecasting*, 1999, 15: 353-375.

[164] Okoli C, Pawlowski S D. The Delphi method as a research tool: An example, design considerations and applications. *Information & Management*, 2004, 42: 15-29.

[165] 胡永宏, 贺思辉. 综合评价方法. 北京: 科学出版社, 2000.

[166] Zou Z, Yun Y, Sun J. Entropy method for determination of weight of evaluating indicators in fuzzy synthetic evaluation for water quality assessment. *Journal of environmental sciences (China)*, 2006, 18: 1020-1023.

[167] Liu X. Parameterized defuzzification with maximum entropy weighting function-Another view of the weighting function expectation method. *Math Comput Model*, 2007, 45: 177-188.

[168] 双同科, 田佳林, 刘学, 等. 一种基于改进 AHP 的指标权重确定方法. 中国西部科技, 2011: 37-38.

[169] 高慧, 胡山鹰, 李有润, 等. 甜高粱乙醇全生命周期能量效率和经济效益分析. 清华大学学报(自然科学版), 2010: 1858-1863.

[170] Caffrey K R, Veal M W, Chinn M S. The farm to biorefinery continuum: A techno-economic and LCA analysis of ethanol production from sweet sorghum juice. *Agr Syst*, 2014, 130: 55-66.

[171] Sun X Z, Minowa T, Yamaguchi K, Genchi Y. Evaluation of energy consumption and greenhouse gas emissions from poly(phenyllactic acid) production using sweet sorghum. *Journal of Cleaner Production*, 2015, 87: 208-215.

[172] Wortmann C S, Liska A J, Ferguson R B, *et al*. Dryland Performance of Sweet Sorghum and Grain Crops for Biofuel in Nebraska. *Agron J*, 2010, 102: 319-326.

[173] 康利平, 孙君社, 张京生, 等. 甜高粱茎秆汁液发酵生产燃料乙醇的研究. 食品与发酵工业, 2008: 47-50.

[174] 高慧, 胡山鹰, 李有润, 等. 甜高粱乙醇全生命周期温室气体排放. 农业工程学报, 2012, 28: 178-183.

[175] Mei X Y, Liu R H. Present Situation of Ethanol Production from Sweet Sorghum Stalk in China. *Chinese Agricultural Science Bulletin*, 2010: 341-345.

[176] Ou X M, Zhang X L, Chang S Y, Guo Q F. LCA of bio-ethanol and bio-diesel pathways in China *Acta Energiae Solaris Sinica*, 2010: 1246-1250.

[177] 黄季焜,仇焕广. 我国生物燃料乙醇发展的社会经济影响及发展战略与对策研究. 北京:科学出版社,2010.

[178] Dai D,Hu Z,Pu G,*et al*. Energy efficiency and potentials of cassava fuel ethanol in Guangxi region of China. *Energ Convers Manage*,2006,47:1686-1699.

[179] 张彩霞. 我国生物乙醇的资源潜力及影响评价. 中国科学院地理科学与资源研究所学位论文,2010.

[180] Leng R,Wang C,Zhang C,*et al*. Life cycle inventory and energy analysis of cassava-based fuel ethanol in China. *Journal of Cleaner Production*,2008,16:374-384.

[181] Guinée J. Handbook on life cycle assessment—operational guide to the ISO standards. *The international journal of life cycle assessment*,2002,**7**(5):311-313.

[182] 张成. 木薯燃料乙醇的生命周期3E评价. 上海交通大学学位论文,2003.

[183] Bai Y,Luo L,van der Voet E. Life cycle assessment of switchgrass-derived ethanol as transport fuel. *Int J Life Cycle Ass*,2010,15:468-477.

[184] Cherubini F,Jungmeier G. LCA of a biorefinery concept producing bioethanol,bioenergy,and chemicals from switchgrass. *Int J Life Cycle Ass*,2010,15:53-66.

[185] Fazio S,Barbanti L. Energy and economic assessments of bio-energy systems based on annual and perennial crops for temperate and tropical areas. *Renew Energ*,2014,69:233-241.

[186] Liebig M A,Schmer M R,Vogel K P,Mitchell R B. Soil Carbon Storage by Switchgrass Grown for Bioenergy. *Bioenergy Research*,2008,1:215-222.

[187] Schaidle J A,Moline C J,Savage P E. Biorefinery sustainability assessment. *Environ Prog Sustain*,2011,30:743-753.

[188] Spatari S,Zhang Y M,MacLean H L. Life cycle assessment of switchgrass and corn stover-derived ethanol-fueled automobiles. *Environ Sci Technol*,2005,39:9750-9758.

[189] Wu M,Wu Y,Wang M. Energy and emission benefits of alternative transportation liquid fuels derived from switchgrass: A fuel life cycle assessment. *Biotechnol Progr*,2006,22:1012-1024.

[190] CMLCA. Software tool that supports the technical steps of the Life Cycle Assessment. Centre of Environmental Science.

[191] Ecoinvent. Ecoinvent offers science-based,industrial,international life cycle assessment(LCA)and life cycle management(LCM)data and services. Swiss Centre for Life Cycle Inventories.

[192] BuildingEcology. Life cycle assessment software,tools and databases.

[193] Alzate C A C,Toro O J S. Energy consumption analysis of integrated flowsheets for production of fuel ethanol from lignocellulosic biomass. *Energy*,2006,31:2447-2459.

[194] Ashworth A J,Taylor A M,Reed D L,*et al*. Environmental impact assessment of regional switchgrass feedstock production comparing nitrogen input scenarios and legume-intercropping systems. *J Clean Prod*,2015,87:227-234.

[195] Kumar D,Murthy G S. Life cycle assessment of energy and GHG emissions during ethanol production from grass straws using various pretreatment processes. *Int J Life Cycle Ass*,2012,17:388-401.

[196] Luo Y,Miller S. A game theory analysis of market incentives for US switchgrass ethanol. *Ecol Econ*,2013,93:42-56.

[197] Gonzalez R,Phillips R,Saloni D,*et al*. Biomass to energy in the southern United States:Supply chain and delivered cost. *Bioresources*,2011,**6**:2954-2976.

[198] Bohlmann G M. Process economic considerations for production of ethanol from biomass feedstocks. *Industrial Biotechnology*,2006,**2**:14-20.